海之滨

[美] 蕾切尔·卡逊——著

一熙——译

四川人民出版社

图书在版编目（CIP）数据

海之滨 / (美) 蕾切尔・卡逊著 ; 一熙译. -- 成都:
四川人民出版社, 2021.3

ISBN 978-7-220-11547-9

Ⅰ. ①海… Ⅱ. ①蕾… ②一… Ⅲ. ①海滨–海洋生
物–普及读物 Ⅳ. ①Q178.531-49

中国版本图书馆CIP数据核字（2019）第244256号

海之滨
HAIZHIBIN
［美］蕾切尔·卡逊 著 一熙 译

责任编辑	董 玲 张 平
出版统筹	谢 寒
封面设计	张 科
版式设计	张 妮
责任校对	舒晓利
英文校对	王晶晶
责任印制	李 剑
出版发行	四川人民出版社（成都槐树街2号）
网 址	http://www.scpph.com
E-mail	scrmcbs@sina.com
新浪微博	@四川人民出版社
微信公众号	四川人民出版社
发行部业务电话	（028）86259624 86259453
防盗版举报电话	（028）86259624
照 排	四川胜翔数码印务设计有限公司
印 刷	成都蜀通印务有限责任公司
成品尺寸	145mm × 210mm
印 张	7
字 数	152千
版 次	2021年3月第1版
印 次	2021年3月第1次印刷
书 号	ISBN 978-7-220-11547-9
定 价	52.00元

致

多罗茜和斯坦利·弗里曼

感谢你们和我一起遥望退潮后的大海

一同欣赏生物之美、生存之妙

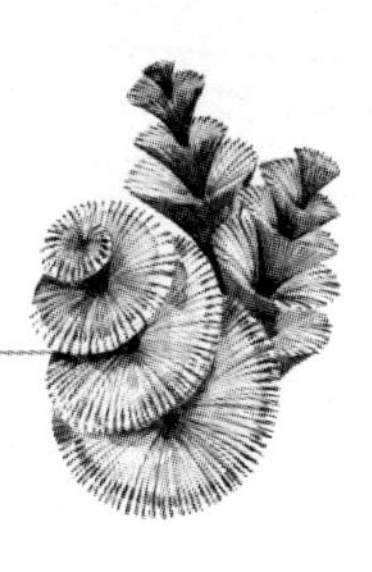

目录

CONTENTS

微信添加专属助手
领略海洋风光
感受文学魅力
添加方式详见本书封二

自 序

PREFACE

和大海一样，海滨也令人心驰神往。我们回到岸边，回到远古生命的起源地。在起起落落的潮汐和海浪中，在涨潮线多姿多彩的生物群里，我们被水流的律动和生物的变化之美深深吸引。我相信，海滩还有一种更深层次的吸引，源于生命的本能，希望探寻存在的意义。

踏进低潮线，我们便步入一个与地球历史同样古老的世界——这里是泥沙和水最初相遇的地方，水土交融，彼此碰撞，变化永不停歇。对包括我们在内的生命体来说，海滩有特殊意义：一些可以被称作“生命体”的小不点出现在海边，在浅滩一带繁衍、进化、蓬勃发展，经历岁月沧桑、时空流转，最终演化成这个星球的居民。

要认识海滩，单单把物种归类还不够。只有站在沙滩上，我们才能感受到陆地和海洋如何展开一场拉锯战，雕琢地形地貌，磨蚀岩石沙土。我们能有意识地用眼睛和耳朵，感受海滩上生命的脉动——用心寻觅生命的立足之处。要认识海滩上的生命，单单捡起一个空贝壳，说“这是骨螺”，或“那是天使翼贝”，也远远不够。真正要认识它们，必须仅凭直觉就能联想到，在这枚空壳里，曾经居住过怎样一个小小的生物：它如何熬过惊涛骇浪？它的天敌是谁？它怎么觅食，怎么繁衍后代？它跟身旁的海域有怎样的关系？

海岸大致可以分成三种基本类型：崎岖的砾石滩、普通沙滩和包含丰富物种的珊瑚礁。每一类都有其特有的动植物群体。在美国，大西洋沿岸是少数几处三种典型海岸都能找到的地方。我描绘的海岸生活，以大西洋岸边为背景，但海洋世界彼此相连，这幅宏大画卷的轮廓，也适用于地球上的其他海岸。

借助海岸，生命与陆地紧密相连。在第一章里，我将回忆一系列令人难以忘怀的地方，思考、感悟，并阐述为何在我的眼中，海之滨如此美丽，叫人如此着迷。第二章，我会介绍几种海况，它们是贯穿全书的基本主题，会一次次出现，比如海浪、洋流、潮汐、海水等塑造和孕育岸边生物的力量。第三、四、五章，我会分别提到砾石海滩、沙滩和珊瑚礁。

有一些读者习惯将各类发现归纳整理（擅于归纳是人类大脑的长项），所以在附录部分，列出了常见的海洋动植物分类表，辅以典型例子。

前　言

1964年春，蕾切尔·卡逊与世长辞，年仅五十六岁。去世前，她已经颇有文名，完成了四本书的创作，每一本都是佳作，畅销不衰。

《寂静的春天》揭露了杀虫剂对自然界造成的影响，该书出版还不到两年，作者便被癌症及其并发症夺去了生命。这本书来得恰到好处，广泛的读者群，让她成为宣传环境保护论的先驱。人们似乎忘记了，蕾切尔·卡逊其实是一位风格鲜明的作家，大海是她的挚爱。

她是一位合格的海洋动物学家，创作《寂静的春天》之前，她写过好几本书，从某个角度描绘海洋。《寂静的春天》之所以成功，前几本书功不可没。可惜，时至今日，她描写海洋的旧作早已被人遗忘，这确实叫人惭愧，因为像《海之滨》这样的书，语言生动，结构精巧，相比《寂静的春天》，更符合现在读者的阅读口味。

1955年10月，《海之滨》出版后不久，一位据说能让“文字舞动起来”，还没有变成爱刁难人的书评家约翰·伦纳德，鼓动那些“身穿泳装跑去海边……在沙滩上躺得百无聊赖的城里人”赶紧去买一本，认真阅读。他说《海之滨》“文字优美，技巧娴熟”。

四十年过去，尽管伴随科学的发展，蕾切尔·卡逊当初的某些说法并不严谨，伦纳德的建议仍然有用，评价也相当中肯。

然而，纵观当今文坛，《海之滨》从生态学的角度来说，仍然是一部富有前瞻性的作品。返回20世纪50年代，生态学还属于一个全新的领域，卡逊创作这本书的初衷，是努力吸引读者对此领域的注意力。

她原本打算写一本野外指南，但她很快意识到，写写海岸附近的动植物，写写潮汐、气候和地质作用对动植物的影响，也许更有趣。

最终，她完成了一部佳作。我们似乎遇到一位知识渊博的朋友，牵着我们的手，漫步在海边，介绍眼前的风景，了解生物相互依存的联系，指出曾经忽略的细节，消除固有的成见。

19世纪末，伟大的德国动物学家恩斯特·海克尔使用术语“oecology（生态学）”来表示“动植物经济”。数十年后，伴随社会变化，针对生物体种群的研究蓬勃发展，另一个基于生物学的术语得到广泛接受，即“ecology（生态学）”。但直到20世纪50年代，公众读过蕾切尔·卡逊等人的作品后，才开始认识到，生物进化并非孤立无援，而是外部力量参与的结果。

按照《海之滨》责任编辑保罗·布鲁克斯的说法，蕾切尔·卡逊原本只打算撰写一些条目，记录她在海边发现的物种，最初的书名叫《大西洋沿岸海滨生物指南》，内容相对简单，较少涉及“生态学”主题。但开始下笔后，卡逊对这种创作方式越来越不满意：一边是出版方，一边是作者，意见很难统一。最终，作者争取到本书的决定权。

本书的酝酿始于罗莎琳德·威尔逊，她是米夫林出版公司的一位编辑。有一次，她邀请一群“缺乏生物学常识”的写作圈内人到她在科德角的家中过周末。在海滩散步时，他们发现几只也许是被头一晚的风暴刮上岸的马蹄蟹。出于一片好心，他们把这些螃蟹扔回了大海。可怜的马蹄蟹根本没料到会祸从天降，它们好不容易才挪动脚步、爬到岸边，还没来得及产卵。

周一清晨，罗莎琳德·威尔逊刚回到位于波士顿的办公室，马上就坐下来打出一份备忘录，建议米夫林出版公司能找到一位作者，写一本指南来“消除类似的无知行为”。很快，蕾切尔·卡逊成为合适人选，她正在创作《海洋传》，该书后来是她的第一部畅销作品。撰写指南的提议递到卡逊面前，她接受了。

多年来，卡逊一直想写这么一本书。早在1948年，她就写信给自己的经纪人玛丽·罗德尔，表示“我遥远的创作计划，包括一本讲海滨动物的书，蒂尔先生希望我务必完成”。

1950年，她写信给保罗·布鲁克斯，提到新书的内容包括一幅“对生物的速写……虽然只一笔带过，却能刻画某种生物的模样，介绍其基本特征：它为何生活在海边？它如何适应生存环境？怎么找到食物？寿命有多长？有哪些天敌、哪些竞争者、哪些朋友？”她希望“单独选择一处海岸，展示岸边的生机勃勃……让生态学的观念贯穿全书”。米夫林出版公司素以出版野外指南闻名，但这些“生物速写”太简单直白。要知道，在一位作家眼中，任何貌似平凡的东西都不简单，尤其对于“生态思想家”蕾切尔·卡逊来说，“生物速写”写到后来，内容会变得越来越丰富。

新书的创作并不顺利，1953年，卡逊写信给布鲁克斯，语气哀怨地问：“写作为何如此令人痛苦？”很快，她又给他去信。“我觉得自己付出百般努力，却写了一本错误的书……从内容上看，只是在介绍……海岸的类型……我正在按部就班地写……事实，我很难把它们融入书中，只好加上插图说明……或者做成表格，放在书后。这样的解决方式，让我挣脱了束缚。我本来很苦恼，以为分不出章节来，写一堆流水账。早知道能这样写，我就不那么苦恼了。”

保罗·布鲁克斯告诉我，她写到一半，又撕了重来，最终写成这本《海之滨》。幸亏她这么做了，《海之滨》比《大西洋沿岸海滨生物指南》内容充实得多、有趣得多，辅以后来出版的各种指南，能随时增补科学上的新发现。

尽管是《寂静的春天》一书让卡逊声名远扬，她的挚爱却是海洋。她写了三本讲海洋和海岸的书，接受过海洋动物学正规教育，而且在财力允许的情况下，还在缅因州岸边买了一块地，盖了一栋房子，每年都去那里住一段日子，从事写作。遵照她的遗愿，去世后，部分骨灰撒在离家不远的尼瓦根海岬。

四十六岁时，她的第二本书《海洋传》出版，搬去海边的愿望也终于实现。早在约翰·霍普金斯大学攻读学位时，她就开始挣钱补贴家用，照料与她同住的母亲，以及拖着幼子、体弱多病的外甥女。外甥女去世后，她收养了他的孩子。她在美国鱼类和野生动物管理局工作，担任水生生物学家兼编辑，兼职撰稿，稿酬不论。日子始终过得紧巴巴。

她终身未婚。

蕾切尔·卡逊生于1907年，在匹兹堡东北部宾夕法尼亚州斯普林代尔的乡间长大。在母亲的影响下，“书呆子”卡逊对自然产生了浓厚的兴趣。她喜欢海洋，饱览和海洋相关的书籍。作为住在中西部的人，我完全能理解她对大海的向往，因为在我们心目中，大海代表着力量、神秘和极致的美感，跟我们生活的环境形成鲜明对比。我经常梦想能住在海边。等我迈入古稀之年，才梦想成真。我家离蕾切尔·卡逊的家不远，一边写这篇前言，一边看潮起潮落。

年轻时，卡逊坚信她未来选择的职业既能满足科学上的兴趣，又能发挥写作才华。直到20世纪30年代，她才闯出一条路，将两者完美结合。她回忆自己读到丁尼生作品的情景："一天夜里，风雨交加，吹得宿舍房门砰砰作响，《洛克斯利堂》的一行涌上我的心头——"

既然劲风掀起，海浪咆哮，我自当启程。

保罗·布鲁克斯已经退休，有一天，我打电话给他，问他要是卡逊没有被病魔夺去生命，她会不会再写出海洋主题的书，还是继续《寂静的春天》的成功，走上另一条创作之路。"哦，谁知道呢。"他说，"她说过好多年，想写一本篇幅长、内容杂的书，一本讲生命本身的书。幸好她没有写，这听上去太模糊、太宽泛。虽然《寂静的春天》取得了巨大成功，她却从未把自己看作一个斗士。她只是觉得有必要写那样一本书。没错，我觉得在海洋主题方面，她还有书要写。"

今天，我们仍然需要一位蕾切尔·卡逊，来描绘海洋的"盲区"，海洋栖息地遭受的破坏、垂死的珊瑚礁，以及全球变暖对海洋造成的影响。早在20世纪50年代初，卡逊就在《海之滨》的开篇部分写到全球变暖问题，提到海水温度上升是如何改变海洋生物的。

布鲁克斯还提到一件他觉得不同寻常的事：卡逊希望在她的葬礼上，朗诵的悼文出自她关于海洋的书，而不是最后才出版的《寂静的春天》。她的遗愿没有实现，但平心而论，前者的语言文字更合适，读起来更像一首挽歌。“此刻，我听见海的低语，向我发问。这一夜，潮水在涨，海水打着漩儿，冲击着我书房窗下的礁石……”这一段选自《海之滨》的后记，是本书的终点，也是1998年的读者们阅读的起点。

苏·哈贝尔

缅因州

1998年2月

|第一章|

世界边缘

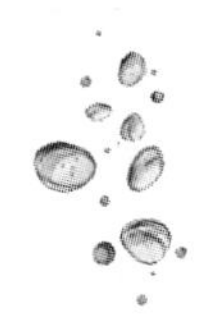

海滨奇妙而美丽。纵观地球漫长的发展演变，海滨一直动荡不安。海浪用力拍打着陆地，潮水向陆地步步紧逼，退潮、涨潮，周而复始。海岸线每天都呈现出新的面貌。潮水有节奏地逼进和逃离陆地，海平面也时高时低。海平面的高度，取决于冰川的消融、深海盆地沉积物的累积，以及地壳内部张力作用下大陆边缘的弯曲变形。今天，被海水淹没的陆地也许会多点，而明天，则可能少些。海滨一直是个难以捉摸、难以界定的分界线。

海岸具有双重属性，伴随潮水的涨落而变化，此刻属于陆地，彼时又归于海洋。退潮时，海岸裸露在酷暑严寒、狂风暴雨和炎炎烈日下，充分感受到陆地世界的极端恶劣。而涨潮时，海岸又变成一片汪洋，暂时回到相对稳定的远海状态。

只有最顽强、最能适应环境的物种，才能在如此变幻莫测的环境下生存，不过，涨潮线一带仍然挤满各种动植物。海岸的条件艰苦，但生物却几乎占领了每一处可以容身的角落，展现出生命的坚韧与活力。最显眼的，占据了潮间带的岩石，其他的遮遮掩掩躲在裂缝和空隙里，蜗居在大卵石底下，或者藏身于潮湿阴暗的海底洞穴中。还有一些，粗心的观察者也许会说那里看不见什么生物，但实际上，它们深藏在沙底的洞穴、坑道和缝隙中。它们在坚固的岩石里挖掘隧道，钻进泥炭和黏土。它们覆盖在野草、漂浮的桅杆或者龙虾坚硬的外壳上。它们体型微小，犹如蔓延滋生的细菌遍布岩石或者码头木桩；有的像狭小的针孔，恰似海面上闪闪发光的球状原生动物，还有的称得上“小人国”的居民，漫游于沙砾间的暗池一带。

海岸是个古老的世界，自从诞生陆地和海洋，便有了这块水陆交汇之地。在这里，你随时都能感受到持续的创造力，以及旺盛的生命力。每次走近海岸，我总能发现新的美感，体会更深的寓意，欣赏错综复杂的生命网。每一种生物，都与其他生物以及周边环境和谐共生。

提及海岸，我顿时想到一个与众不同的地方，美轮美奂。那是一块隐藏在洞穴中的水潭，每年只有潮水退到最低时才能见到，也许正因为机会难得，所以才魅力无穷。我趁着低潮期，希望能目睹其芳容。潮水会在黎明时分退去。我清楚，如果西北风能停，远处的风暴也不来捣乱的话，海平面就会降到水潭入口以下。谁知夜里突然下起阵雨，雨点像一把把沙砾噼噼啪啪砸在屋顶。清晨，太阳还没升起，天空泛出鱼肚白。海湾对面，月亮如一轮圆盘挂在西天，悬在遥远海岸模糊的地平线上——八月的满月将潮水牵引到最低处，露出陌生的海洋一角。就在我凝神远眺的时候，一只海鸥从云杉林上空飞过，胸脯被尚未喷薄而出的阳光染成玫瑰色。看样子，天气还行。

随后，我站在靠近水潭入口的潮际线上方，玫瑰色的霞光让人心头充满希望。我站在一处陡峭的岩壁，脚下一块长满苔藓的暗礁伸进深水区。礁石边缘，海浪汹涌，暗褐色的海藻在随波舞动，像皮革般柔顺光亮。突出的礁石是通往隐秘小洞穴和水潭的唯一路径。偶尔涌来一波强劲的水流，吞没礁石顶端，被岩壁击打成飞沫。幸好波浪的间隔足够长，让我能走过礁石，对这个神奇的水潭一探究竟。机会难得，转瞬即逝。

我跪在苔藓铺成的、湿漉漉的地毯上，朝水潭望去，洞里一片幽暗，池水很浅。洞穴底部距离洞顶只有几英尺高，澄澈的水平坦得像一面镜子，清晰地映出生长在洞顶的生物。

水面下，透过玻璃般透明的水体，可以望见水潭底部生长的绿色海绵。一块块灰白色的海鞘在洞顶闪闪发光，水底长满一丛丛浅杏色的软珊瑚。就在我往洞穴底部张望的时候，一只精灵般的小海星从洞顶垂下来，悬在一根细线上，或许是它的一根管足。海星垂到水面，触碰自己的倒影，影子纤毫毕现，仿佛不是一只海星，而是一对海星重叠在一起。水中的倒影和清澈的潭水，美景稍纵即逝，很快，海水就会涌进洞穴，将水潭灌满，一切都将消失得无影无踪。

每次春潮退去，走进这片神奇的区域，我都会寻找海岸生物中最精致美丽的那一种——外形像花朵，却不是植物，而是动物，绽放在更深海域的入口处。在这个神奇的洞穴，我总能有所收获。从洞顶垂下的花朵是筒螅，呈淡粉色，镶有花边，像秋牡丹一样纤弱。洞里的生物雅致小巧，看起来不太真实。它们的美丽太脆弱，让人觉得不适合生长在这个潮水横冲直撞的世界里。然而，每一处细节都有其独到的功用，每一段茎干，每一只水螅，每一根花瓣状的触手，都为环境而生。我知道，它们只是在等待涨潮，等待海水归来。当水流再次涌入水潭，浪花飞溅，这些精致的花朵又会充满活力。纤细的茎干随波摇曳，长长的触手滤过水流，寻找生存所需的养料。

在这块被施了魔法的海陆交汇之地，我的心情，与一小时前在内陆时完全不同。有点像我黄昏时踩在乔治亚州海岸辽阔的沙滩上，寂寥、落寞，但表现的方式不同。那一次，日头西沉，我沿着湿漉漉的、闪闪发光的沙滩，走到退潮后的海水边缘。回望广袤无垠的滩涂，海风掠过，沟渠里灌满海水，退潮时留下的浅水坑随处可见。我突然意识到，这片潮间带虽然会被大海习惯性地暂时遗忘，但只要一涨潮，就会被潮水重新淹没。站在低潮区的边缘，海滩和陆地显得格外遥远，只能听见海风声、潮水声和海鸟的鸣叫声，还有就是海风掠过水面，海水冲刷沙滩，以及浪头翻滚、溅起浪花的声音。滩涂因为海鸟而热闹起来，北美鹬叫得此起彼伏。一只鹬鸟站在海水边缘，发出响亮急促的呼喊，遥远的海岸上传来应答声，两只海鸟随即朝对方飞去，彼此会合。

黄昏渐渐逼近，滩涂呈现出一派神秘景象。散落的水洼和小溪反射出夜晚来临前的最后一抹亮光。随后，海鸟变成黑暗的阴影，羽毛已经无法分辨色彩。三趾滨鹬像小幽灵一样在沙滩上疾走，随处能见到北美鹬矗立的影子，只是阴影更浓重。常常等我走到离海鸟很近的地方时，它们才有所警觉——三趾滨鹬奔跑起来，北美鹬则惊叫着到处乱飞。黑剪嘴鸥贴着海水边缘翱翔，身影映在凝重、黯淡的天穹，或者像灰黑色的大飞蛾一样在沙滩上空翩翩起舞。有时，它们会“剪开”蜿蜒的潮水。水面上微微泛起的涟漪，意味着水下有小鱼出没。

入夜的海岸是个完全不同的世界。黑暗隐藏了白天叫人分心的东西，突出了海岸的基本要素。有一次，穿行在夜幕下的海滩，我手中的电筒光柱惊扰了一只小沙蟹。沙蟹躺在潮水线上方刚刚挖好的沙坑里，注视着大海，静静等候。黑暗包裹着海水、空气和沙滩。这是一种古老的黑暗，比人类的历史还要久远。此刻万籁俱寂，只有呼呼的海风刮过海面和沙滩，发出单调的声响，再加上海浪拍打海滩的声音。海边除了这只小沙蟹，似乎看不见其他生命。我曾在别的沙滩见过成百上千的沙蟹，但突然间，我有一种莫名的感动，因为这是我有生以来第一次在属于沙蟹的世界里认识这种动物，相比以往任何时候，更能深切地体会到它存在的意义。在那一瞬间，时间仿佛停止了，我生活的世界化为虚无，自己仿佛变成一位外太空的旁观者。这只小沙蟹和大海，成了生命的象征——虽然精巧、柔弱，但它那顽强的生命力，让它在萧条世界的严酷现实中占据了一席之地。

提到生命，对南部海岸的回忆再次涌上心头。在那里，海洋和红树林相偎相依，在佛罗里达州西南海岸外建造出数千座小岛，岛与岛之间被迂回曲折的海湾、潟湖以及狭窄的水道隔开。我还记得某个冬日，天空蔚蓝，阳光明媚，没有风，却能感受到空气在流动，冰冷清澈如水晶。我踏上一座小岛，脚踩在被海浪冲刷过的礁石上，然后小心地拐进隐蔽的海湾。我发现潮水已经退去，露出一大片泥泞的沼泽，其边界由红树林扭曲的枝丫、光滑的叶片和长长的柱根构成。下垂的柱根牢牢扎进泥地，一点点建造着陆地。

泥滩上散布着小而精巧的彩贝，即玫瑰樱蛤，看起来像粉玫瑰散落的花瓣。玫瑰樱蛤通常躲在泥滩表层，所以这附近一定有它们的栖息地。起初，滩涂上唯一能看到的生物是一只长着灰色和锈红色羽翼的小苍鹭，迈着特有的、犹豫不决的步态涉过这片泥沼。但也有其他陆地生物访问过这里——地上有一行进出红树林的新鲜脚印，表明有一只浣熊刚从这里经过。浣熊最爱吃牢牢吸附在红树林柱根上的牡蛎。很快，我发现了岸禽的踪迹，或许是一只三趾鹬。我跟踪了好一阵，发现目标消失在水边。潮水抹去了脚印，没有留下一丝痕迹。

我把视线越过海湾，愈发强烈地感受到在海岸的边缘，陆地和海洋如何轮番演替，以及生命在陆地和海洋之间如何繁衍生息。我也想到过去，想到时光荏苒，模糊了往昔，就如同那个冬日的清晨，被海水抹去的海鸟脚印一样。

时间流逝的顺序和意义，悄然体现在成百上千只小螺身上，它们是红树林玉黍螺，以红树林的树枝和树根为食。玉黍螺的祖先曾经住在海洋里，毕生都离不开海水。但历经千百万年后，这个纽带逐渐被一点点打破，玉黍螺慢慢适应了离开海水的生活。如今，它们在高出潮水线几英尺的地方栖居，偶尔才回到海中。或许多年之后，它们的后代对海洋的记忆也会荡然无存。

其他体型更小的螺类外出觅食时，螺壳会在泥地上留下弯弯曲曲的痕迹。一见到这些拟蟹守螺，就唤起我强烈的怀旧之情。我多么希望能跟奥杜邦生活在同一个时代，目睹一百多年前的那些生物呀！小小的拟蟹守螺原本是火烈鸟的食物，而眼前这片海岸曾经遍布火烈鸟。我半闭上眼睛，想象出一大群壮丽的火烈鸟在海湾边觅食的场景，它们明艳的色彩映红了整个海湾。在地球的漫长历史中，这一幕恍如昨日。在自然界里，时间和空间在本质上是相对的，也许只有在这个神奇的时间和地点，偶然激发出一点智慧的火花，才能让人真切地感悟到这一点吧。

生命不断诞生、进化、消亡，以不同的方式上演剧集，其中有一条贯穿所有场景和记忆的主线，那便是生命的精彩。能体会生命的精彩，便能领悟活着的意义和真谛。而正因为活着的意义让人捉摸不透，才越发叫人着迷，促使我们一次又一次进入自然世界，去寻找揭开谜底的钥匙。我们返回海滨，在那里，地球上的生命或许刚刚演完第一幕戏，又或许仅仅拉开帷幕。我们所熟悉的生命起源和进化之力，如今仍然在发挥作用，而曾经被万千生灵见证过的精彩画面，现在依然清晰可见。

|第二章|

海滨生物

生命的早期历史镌刻在岩石上，既模糊不清，又支离破碎，因此很难弄清生命是何时登陆海岸的，甚至无法确定最原始的生命是什么时候出现的。地球前半段的历史层层沉积，形成太古代岩层，在几千英尺厚的岩层产生的巨大压力和地壳深处炽热高温的双重作用下，太古代岩层无论是化学成分，还是物理形态，都发生了巨大的变化。如今，只有在加拿大东部等少数地区还保存有这类岩层可供研究，但即便这些岩页中曾有过清晰的生命记录，也可能已经遭到破坏。

在接下来的几亿年里，元古代岩层渐渐形成，但其同样难以揭示生命的起源。这部分岩层沉积了大量的藻类和菌类，所以含铁量高。其他沉积物，比如奇怪的球状碳酸钙团块，则大概是由分泌石灰的藻类沉积而成的。这些古老岩石中所存留的化石，或者换句话说，“模糊的印记”，暂时被认定为海绵、水母或硬壳类节肢动物，不过更保守的科学家们怀疑这些痕迹都源自无机物。

早期岩层只留下寥寥几笔，随后突然出现空白，一大段历史似乎荡然无存。沉积岩层本应该记录下前寒武纪时期数百万年的历史，然而还没等它完成任务，便已经消失，要么被侵蚀，要么在剧烈的地壳运动中被埋进了深海。因为这一缺失，生命演化史出现了一段无法衔接的断层。

早期岩层化石的缺乏，以及整个沉积层的缺失，也许是地球早期海洋和大气层的化学特性导致的。专家们认为，前寒武纪时期的海洋里缺乏钙质，或者至少缺乏能让生物比较容易分泌形成钙质甲壳和骨骼的条件。如果是这样，那么当时的海洋里，生物大多是软体生物，因此不易石化。根据地质学理论，当时的空气中含有大量二氧化碳，而二氧化碳在海洋里的含量相对不足，这也许影响了岩石的风化，因此前寒武纪时期的沉积岩肯定遭受了一次又一次侵蚀、冲刷、再沉积，导致包含其中的化石遭到严重破坏。

当生命的记录在距今约五亿年前的寒武纪时期的岩层中再次出现时，突然多了无脊椎动物的主要族群，都已经完全进化成形，而且数量众多，其中包括海绵、水母、各类蠕虫、一些简单的类似螺类的软体动物，还有节肢动物。藻类品种也丰富，但尚未出现更高等的植物。如今栖息在海滩的主要动植物，其雏形至少在寒武纪时期就已出现。我们有充分的证据推测，五亿年前的潮间带，和今天的潮间带大体相仿。

我们还可以推测，至少在寒武纪之前的五亿年间，这些成形的无脊椎动物是从更简单的形态演化而来的，尽管我们无从得知它们当时究竟长什么样子。由于它们祖先的遗骸遭到破坏，没能保存下来，我们只能根据其幼体期的特征来猜测，它们或许与祖先有相似之处。

寒武纪开始的数亿年间，海洋生命继续进化。最初的基本族群出现了更多分支，新的物种也不断涌现。在进化过程中，许多早期的生命形态不断消失，被新的、更适应环境的形态所取代。也有一些寒武纪时期出现的生物，至今也没有发生太大变化，但这些只是例外。海滩环境恶劣多变，是各类生物的测试场，只有最能适应环境的生物才能幸存下来。

无论过去还是现在，这种适应性体现在所有的海洋生物身上。它们的存在，证明其能够充分适应环境——适应海洋本身的复杂多变，以及每种生物与所属族群微妙的生存关联。生命的形态在这些环境中不断被创造、塑造，进而交织、重叠，绘制出一幅更为庞杂的画卷。

浅海和潮间带的底部是否存在岩壁、巨石、广阔的沙地、珊瑚礁或浅滩，决定我们所能见到的海洋生物种类。在岩石海岸，尽管海浪不停冲刷，但岩石的存在与否决定了生物能否进化出附着力，方便其吸附在岩石或其他坚硬的物体表面，以缓和海浪的冲击力。五彩斑斓的生命随处可见，编织成一张由海藻、藤壶、贻贝以及遍布岩石表面的海螺组成的挂毯——更柔弱的生命则藏身于岩石裂缝，或者在海底的大石块下潜行。另一方面，沙子松散而不稳定，在海浪的冲刷下，沙粒被不断搅动，因此很少有生物能在沙子表面安身立命，它们只得转移到沙石下的空隙、坑道或地下洞穴，把这些地方当作庇护所。遍布珊瑚礁的海岸通常很温暖，温暖的洋流带来暖湿气候，适宜珊瑚类动物生长繁衍，从而形成珊瑚海岸。珊瑚礁由活着或者死去的珊瑚虫的硬质外壳构成，其他生物可以攀附在珊瑚礁上，将其作为立足点。珊瑚海岸的样子像是在岸边竖起一道由岩石峭壁构成的屏障，与其他海岸的区别在于，珊瑚海岸的表层由不透气的石灰质沉积层构成。珊瑚海岸的热带生物异常丰富，进化出了与生活在砾石海岸或沙质海岸的生物完全不同的体貌特征。美洲的大西洋沿岸包含上述三种类型的海岸，所有与海岸密切相关的美丽生命，都能在那里见到。

在地层中还能找到其他重叠的生命形态。即使是同一物种，生活在浪际线附近的与那些生活在深海的也大不相同。在巨浪滔天的海域，从涨潮线高位到退潮线低位，生活着不同的生命体；而在潮汐作用微弱的海滨或者沙滩，潮间带变得模糊难辨。洋流能改变温度，也能将幼小的海洋生物带到其他地方，创造出一个新世界。

美洲大西洋沿岸的生命形态层次分明，眼前的一切仿佛经历过周密的科学实验，展现出潮汐、海浪和洋流对生命的改造效果。生命在北部的岩石海岸欣欣向荣，比如芬迪湾，那里恰好处于汹涌的潮汐带。在这块区域，由潮汐创造的生命如绘制的图表般简洁。站在潮汐带浅浅的沙质海滩，你可以认真观察海浪的作用。佛罗里达州的南端既没有巨潮，也没有大浪，是一处典型的珊瑚海岸，由珊瑚虫和红树林构成，在平静温暖的水域繁衍生息——它们跟随洋流从西印度群岛漂流到这里，也将遥远故乡奇异的热带生物群落复制到了这里。

除了上述方式，海水自身也营造出生存环境——海水能带来或卷走食物，能输送有益或有害的化学物质，所到之处，一切生物都受其影响。海岸上每种生物与周边环境，都不是单一的因果关系；每种生物都与环境存在千丝万缕的联系，共同编织出错综复杂的生命画卷。

外海生物无须面对碎浪，它们可以潜入深水，避开波涛汹涌的海面。生活在岸边的动植物却无处可逃。巨浪撞击海岸，释放出惊人的能量，威力大得令人惊讶。英国及大西洋东海岸岛屿裸露的海岸常年遭受世界上最猛烈的巨浪袭击，这些巨浪通常由横扫大洋的飓风造成，其猛烈程度可达每立方英尺两吨。北美大西洋沿岸则可以躲避此类巨浪的侵袭，但冬季风暴或夏季飓风来临时，一样会招来破坏力极强的巨浪。缅因州海岸的孟希根岛就孤零零地矗立在风暴的必经之路上，临海的峭壁被巨浪拍击。疾风暴雨中，海浪撞击产生的水沫可以被抛到海平面以上一百英尺的高度，越过白头峰，或者漫过位置较低的海鸥岩，高度达六十英尺。

海浪的威力，在距离海岸相当远的海底也能感受到。置于水下两百英尺深的龙虾笼就常常因海浪而挪动位置，捞上来一堆石头。当然，关键问题是离岸太近的话，笼子有被巨浪撕破的风险。很少有海岸不能为生物提供立足之地。如果海滩由松散的粗沙组成，一旦潮水涌来，沙子就会被冲走，而一旦退潮，水分又会很快蒸发掉，这样一来，海滩就变得贫瘠不堪。而另外一些由坚硬的沙粒构成的海滩，表面看起来贫瘠，但在沙子深处，却居住着大量的生物。潮水涌来时，海滩上的卵石会相互撞击碾压，对大多数生物来说，这样的海滩算不上好居所。但是由悬崖和暗礁构成的海滩，除非那里的巨浪异常凶险，对大多数动植物来说绝对是乐土。

藤壶也许是适应碎波带的典范。帽贝和岩石玉黍螺也是如此。有些叫作漂积海草或岩藻的粗糙褐藻可以在大浪中生长，但其他藻类则需要寻找避浪之处。积累一定经验后，你就能通过分辨海滩上的动植物来判断此处属于哪种海滩。举例来说，如果海滩上有大片区域被多节漂积海草（一种细长的海草，退潮后宛如缠绕的绳子）所覆盖，那么这片海滩就相对隐蔽，巨浪很少光顾；但如果我们见不到多节漂积海草，而是一种较短的岩藻，分叉多、叶片扁平、末端尖细，那我们就应该敏锐地意识到外海巨浪摧枯拉朽的破坏力，因为分叉的海草或者个头低矮的海藻，相比漂积海草，枝干更强壮、更有弹性，能扛得住大浪的冲击。如果某一处海滩几乎没什么植被，只有一片雪白的岩石区（那是成千上万的藤壶抬起它们尖锐的白色锥面，以免在海浪涌来时窒息），我们就可以断定，这处海岸经常遭受风暴侵袭。

藤壶有两大优势，让它们在绝大多数生物都无法生存的地方活下来。藤壶阔圆锥的外形能够分散海浪的冲击力，让海水温柔地流过其表面。而且整个锥体的底部被一种强力的“天然水泥”牢牢固定在岩石上，只有拿锋利的刀才能把它们刮下来。因此碎波区的两大威胁——被海水冲走和被水流击碎，对藤壶来说根本就不起作用。如果我们知道，适应海浪侵袭的并非具有圆锥外形、附带坚固水泥底座的藤壶成体，而是藤壶的幼体，那么我们就能意识到，这种生物能在这里存活真是个奇迹。大浪湍急动荡，柔弱的藤壶幼体必须在海浪冲刷的岩石上选一个立足点住下来，免得被潮水冲走，尤其是幼体变为成体的关键时刻，组织会重构，喷出的黏合剂硬化，外壳围绕柔软的身体不断扩张。要在巨浪中完成这些任务，在我看来比岩藻释放孢子的要求高得多。藤壶能将裸露的岩石开拓为它们的聚集地，而海草在这里却毫无立足之地。

流线型线条也被一些生物采纳和改进，其中有些甚至摆脱了对岩石的长久依赖。帽贝就是其中之一。帽贝是一种简单而原始的螺类，包裹其身体的外壳酷似中国劳工所戴的帽子。有了这种光滑的斜锥体外壳，海浪顺势流走。事实上，砸下的浪花只会使帽贝的肉质吸盘更紧实地吸附在岩石上。

还有一些生物，在保留光滑圆润外壳的同时，又抛出锚索固定在岩石上。贻贝就使用这种装置，即使地盘有限，数量也能达到天文数字。贻贝的壳被一串串坚韧的线固定在岩石上。这是一种天然的丝线，由足底的腺体分泌而成。这些锚索伸向四面八方，如果断裂，就会有其他的线取而代之，发挥固定作用。但是，大多数的线都是伸向前方，在风暴的袭击下，贻贝左右摇摆，脑袋朝向大海，把风浪的力量集中到狭窄的“船头”，削弱海水的冲击力。

就连海胆，也能在不那么猛烈的巨浪中将自己紧紧固定。海胆柔软的管足朝各个方向伸展，每个足尖都有一个吸盘。在缅因州的一处海滩，我惊讶地发现，在春潮低水位时，绿海胆牢牢地吸附在裸露的岩石上，美丽的珊瑚藻在闪亮的绿海胆下铺出一层玫瑰色外壳。那里的海床倾斜得厉害，潮水来临时，海浪涌上坡顶，很快又随着水流回到海里。而每次潮水退去，海胆依然泰然自若地待在原处。

摇曳在幽暗森林里的长茎巨藻刚好低于春潮的水位，因此在碎波区的生存，与化学作用相关。巨藻的组织含有大量的海藻酸和海藻盐，让它们有韧性与弹性，以对抗潮水的牵引力和冲击力。

还有些动植物进化出更小的体型，像一层薄薄的细胞垫侵入碎波区，比如海绵、海鞘、苔藓虫和海藻，它们能承受海浪的威力。不过一旦离开海浪，同样的物种会呈现出完全不同的形态。淡绿色的“面包屑”海绵展开，像一片薄薄的纸片平铺在面朝大海的岩石表面，而在岩石塘里，海绵组织增厚，以标志性的锥体结构零星散落在水塘。“金星”海鞘在遭遇海浪时会张开一张果冻样的网，而在风平浪静时则会垂下来，呈现出独有的斑点纹垂瓣。

在沙滩上，几乎所有物种都学会了挖洞来躲避海浪袭击，而住在岩石上的生物也开始钻洞以保平安。卡罗莱纳州海岸裸露的古代泥灰岩上，就留有海枣贝钻出的孔洞。很多泥炭里都躲藏有外壳精巧美丽、被称作“天使之翼”的软体动物，像瓷器一样易碎，却可以在黏土甚至岩石上钻孔。小小的穿石贝能把混凝土墩钻出洞来，而其他蛤蚌和等足类动物则能把木板钻穿。这些生物以牺牲自由为代价，换来免受海浪侵扰的避难所，永久被囚禁于它们亲手凿出的洞穴之中。

巨大的洋流系统像河流一样穿越海洋，由于洋流在远离海岸的位置移动，所以你也许认为它们对潮间带的影响微乎其微。其实洋流对海洋有极大的影响，洋流从遥远的地方送来体积庞大的海水，这些海水带来了几千公里外的热量。用这种方式，热带的温暖可以被送到遥远的北方，而极地的寒冷也能被带到赤道。可以说，相比其他因素，洋流才是海洋气候的创造者。

气候之所以重要，是因为生命（广义上包括所有种类的生物）只能在相对狭窄的温度范围内存活，大致是零到九十九摄氏度之间。地球的温度相对稳定，适宜物种生存。尤其在海里，温度变化缓慢，所以很多动物对习惯的水温十分敏感，急剧的温差对它们来说是致命的。生活在海岸的动物在退潮后会暴露于空气中，相对坚强一些，但即便如此，它们也有自己最合适的温度范围，过冷或过热对它们来说都不利。

与北方的动物相比，大多数热带动物温度变化更敏感，尤其是对高温，这也许是因为它们所生活的海域全年温差只有几摄氏度。浅海水温达到三十七摄氏度时，一些热带海胆、锁眼帽贝和海蛇尾就会死亡。另一方面，北极的霞水母却十分坚强，即便一半伞膜被冻在冰里，也能蠕动，而且结冰数小时后仍然能活过来。马蹄蟹也是一种适应温度变化的典范。马蹄蟹分布广泛，在北方的新英格兰有一个品种，被冰冻后仍然能存活，而其南方的亲戚在佛罗里达州以及更南的尤卡坦半岛的热带海水里，依然活得有滋有味。

大部分海岸动物都能忍受海边季节性的温度变化，但有些则觉得有必要避开冬季的严寒。沙蟹和沙蚤会在沙滩上挖出深深的洞穴，躲在里面冬眠。鼹蟹一年中的大部分时间都在海浪中觅食，到了冬天就躲到近海的海床去过冬。许多外表看起来像开花植物的水螅，冬天也蜷缩起身体，将活体组织缩进基部的肉茎。其他的海岸动物，像一年生植物一样，在夏季结束时死去。夏季海岸上常见的白水母，在刮来最后一阵秋风时就会死去，但它们的下一代依然活着，像小小的植物一样附着在潮水之下的岩石表面。

大多数海岸生物终年生活在它们习惯的地方，对它们来说，冬天最大的危险不是严寒，而是冰冻。在海岸冰封的年景，由于海浪对冰层的冲击和摩擦，岩石表面的藤壶、贻贝以及海藻都会被剥离。一旦发生这种情况，就需要几个暖冬的休养，生物的种群才能重新恢复。

大多数海洋动物对水生环境有明确的选择，因此我们可以把北美东部沿岸水域划分为不同的生命区。这些区域的水温变化一部分由南北纬度不同造成，同时也受洋流的一定影响。温暖的热带海水被墨西哥湾暖流带到北方，而拉布拉多寒流则沿暖流靠近陆地的边缘自北方一路南下，冷暖海水在交界处相互交融。

从始发处佛罗里达海峡至哈特拉斯角，暖流沿着宽窄不一的大陆架外缘一路北上。在佛罗里达东海岸的朱庇特湾，大陆架十分狭窄，你可以站在岸边，目光越过翠绿的浅水，海水忽然又变成了湛蓝色的暖流。这里也许存在某种温度障碍，能把来自佛罗里达南部及其群岛的热带动物与来自卡纳维拉尔角和哈特拉斯角地区的暖温带动物分开。在哈特拉斯角，大陆架变得异常狭窄，洋流紧贴岸边移动，北上的海水拂过水下凌乱的浅滩、沙丘和峡谷。这里也是生物带的边界，但这一处边界并不固定，而是在不停地变化。冬天，哈特拉斯角的温度也许阻碍了北上暖流通过，但进入夏天，这种温度障碍就被打破，一扇看得见的大门徐徐打开，相同的物种远至科德角都能找到踪迹。

从哈特拉斯角往北，大陆架开始变宽，暖流远离海岸，来自北方的寒流强势地渗透进来，加速了冷却进程。哈特拉斯角与科德角的温差堪比大西洋两端加那利群岛与挪威南部的温差，虽然后者的距离是前者的五倍，但是对迁徙的海洋动物来说，这是一个中间带，冷水物种在冬天进入，而暖水物种在夏天到达。这里接纳了许多南来北往的、温度耐受性强的物种，住户品种繁多，风格各异，却几乎见不到完全属于这里的独特物种。

在动物学中，科德角历来被视作成千上万种生物的分界线。深入海中的科德角，一方面阻断了来自南方的暖流北上的通路，另一方面又把来自北方的冰冷海水扣留在长长的海岸线上。科德角也是不同海岸类型的转折点。从这里开始，南部长长的沙滩海岸被岩石海岸所取代，并成为主要的海岸景观。岩石形成海床和海岸，也形成了该地区陆地的崎岖轮廓，淹没于近海的水面之下。这里的深水区温度很低，比南部地区更靠近海岸，对海岸动物的数量产生了局部影响。除了近岸的深水，数不清的岛屿和锯齿状犬牙交错的海岸造就了一片广阔的潮间带，为海岸动物群的繁荣创造了有利条件。这里是寒带，生活着许多不耐温水的物种。由于温度低，再加上海岸岩石众多，生长旺盛的海藻盖满岩石表层，像披上一条多彩的毯子，成群结队的玉黍螺在岩石上觅食，海岸或被成千上万的藤壶染白，或被成千上万的贻贝染黑。

此外，拉布拉多、格陵兰岛南部以及纽芬兰部分地区的海水温度及其动植物都属于亚寒带。至于更北的北极圈一带，尚不知详情。

虽然将美国的海岸划分为这些基本的区域既方便，又有说服力，但20世纪30年代以来，人们逐渐认识到，科德角并非温带物种北上时必须绕过的屏障。有意思的是，许多动物从南部进入这片冷水区，并且一路向北抵达缅因州，甚至远赴加拿大。这种新的物种分布与大范围的气候变化有关，气候变化始于20世纪初，如今已得到证实——通常极地地区最先察觉到温度上升，随后是亚寒带地区，继而是北美温带地区。有了来自科德角北部的温暖海水，不仅成年物种，就连生活在南方、对水温格外挑剔的物种幼体也能存活了。

“北上运动”的典型事例，是绿海蟹。科德角北部以前没有绿海蟹，但是现在缅因州的每个捞蛤人都知道当地是绿海蟹捕食幼蛤蜊的地方。20世纪初，动物学手册将绿海蟹的活动区域界定为从新泽西州到科德角一带。1905年，有人称该区域在波特兰附近，到1930年，又有人在缅因州海岸中段的汉考克县采集到了绿海蟹样本。接下来的十年里，该区域又移动到了冬港，1951年则到了吕巴克附近。然后，又沿着帕萨马科迪湾，越过海洋，到了加拿大新斯科舍省。

随着海水温度升高，缅因州附近的鲱鱼数量越来越少。水温升高虽然不是鲱鱼减少的唯一原因，却肯定是主要诱因。随着鲱鱼减少，很多其他鱼类从南方巡游至此。油鲱是鲱鱼家族中较为庞大的一个族群，常被用来制造肥料、鱼油和其他工业品。19世纪80年代时，缅因州曾经有过一个油鲱渔场，不过后来油鲱从缅因州消失了很多年，一度被认为全部迁徙去了新泽西州的南部海域。大约在1950年，油鲱再次返回缅因州的水域，尾随其后的是弗吉尼亚州的渔船和渔民。另一种属于鲱鱼家族的圆腹鲱也出现在遥远的北方。1920年，哈佛大学的亨利·比奇洛教授在报告中指出，圆腹鲱是从墨西哥湾迁徙到科德角的，相当少见（在普罗温斯敦捕获的两枚标本，目前藏于哈佛大学比较动物学博物馆）。不过，20世纪50年代，大量的圆腹鲱出现在缅因州海域，捕捞后被尝试制成罐头。

其他散见报端的新闻也提到类似情况。科德角的螳螂虾曾一度绝迹，现在却重返故里，遍布缅因湾南部海域。软壳蛤蜊的数量表明其受到夏季气温的不利影响，而纽约州海域附近的软壳类物种已逐渐被硬壳类物种取代。曾经，牙鳕只有在夏季才出没于科德角北部，但现在全年都可以捕捞到。其他一些曾经只分布在南方的鱼类，如今也开始沿着纽约州的海岸线产卵，遥想当年，鱼苗根本熬不过这里的寒冬。

除了上述例子，科德角与纽芬兰之间的海岸属于典型的冷水海域，栖居于此的都是北方的动植物群落。这片海岸与遥远的北方世界有着紧密的联系，被一股神秘的力量，将北极的海水与不列颠群岛和斯堪的纳维亚半岛的海岸连接起来。因此，这里的不少物种也能在东大西洋见到。有一本讲不列颠群岛的小册子，内容同样适合新英格兰地区，涵盖彼此约百分之八十的藻类和百分之六十的海洋动物。另一方面，美国的北方与极地的联系，比不列颠海岸与极地的联系更紧密。世界上最大的一种昆布海藻——北极巨藻，南至缅因海岸都有分布，却从未出现在东大西洋中。一种在北大西洋西部海域十分常见的极地海葵大量生长于加拿大新斯科舍省，但在缅因海域却较为少见，而到了大西洋另一端的大不列颠海域，连一丁点儿踪迹都寻觅不到。极地海葵只出现在更为寒冷的北方水域中。其他诸如绿海胆、血红海星、鳕鱼及鲱鱼等物种，它们的出现标志着生物的分布已经延伸到环北带附近，包围了极点，由融化的冰川和漂流的浮冰构成的寒流裹挟着这些有代表性的北方动物群，一路南下，进入北太平洋和北大西洋海域。

北大西洋两岸的动植物存在诸多共同点，这表明物种跨越大洋相当容易。墨西哥湾暖流将美洲海岸的生物带走，然而，要抵达美洲另一侧的海岸，路程相当遥远，再加上大多数物种幼虫期都非常短暂，幼虫转变为成熟个体时，必须尽快赶到浅水区，否则便功亏一篑。在大西洋北部，水下山脉、浅滩和岛屿相当于中转站，将长途穿越分割成几段较为轻松的旅程。在某些早期的地质时期，浅滩分布得更稠密，所以长期以来，无论主动还是被动，迁徙跨越大西洋都是可能的。

穿越低纬度地区，要路过大西洋深海盆地，那里没有岛屿或浅滩。但即便如此，旅途中也不断经历幼虫向成体的转变。被火山运动抬出海平面的百慕大群岛，迎来了墨西哥湾暖流从西印度群岛带来的所有迁徙者，动物们则完成了一次小规模的横渡大西洋长途旅行。考虑到旅途艰辛，西印度群岛的物种竟然有如此多与非洲的物种一样，这显然要归功于赤道洋流的传输作用。相同的物种包括海星、大龙虾、小龙虾和软体动物。能顺利游到终点，我们只能假设成功者都是成年动物，借助浮木和漂流的海藻搭便车。现在，有报道称几种非洲软体动物和海星就是通过这些方式抵达圣赫勒拿岛的。

古生物学的记录提供了大陆地貌变迁及洋流变化的证据，因为这些早期的地质模式造就了如今众多神秘的动植物分布特征。比如，大西洋的西印度海域曾经一度通过洋流和遥远的太平洋与印度洋交换海水。随后，南北美洲之间通过大陆桥连接，赤道洋流到达东方后再折返，形成一道屏障，阻断了海洋生物的散播。从现有物种身上，我们可以推断其以往的生存状况。我曾登上佛罗里达州的“万岛”，在一处宁静海湾的泰莱草场中发现了一只小巧精致的软体动物，它的颜色像草一样嫩绿，相比轻薄的外壳，身体显得庞大，已挤出壳外来。这是一种潜水生物，与它关系最近的亲戚生活在印度洋。在卡罗莱纳州的海滩上，我还发现大量如岩石般坚硬的钙质管状虫，身体呈暗色的小蠕虫藏身其中。这种生物在大西洋几乎闻所未闻，但在太平洋和印度洋却能找到它们的亲属。

因此，迁徙和广泛分布是一个持续的过程——传达了生命希望不断扩张、不断占领地球上一切可居住区域的需求。无论何时，这种模式都是由大陆地貌和洋流共同决定的，永远没有终点，永远不会停歇。

在潮汐作用明显、影响范围广的海岸，你每时每刻都能留意到海水的涨退。每一次周期性高潮，都是海洋在向陆地发起猛攻，一直逼近陆地的门槛，而等潮水退去，则裸露出一个陌生而奇异的世界，或许是一片宽广的泥滩，上面布满奇怪的孔洞、土丘或印迹，表明底下藏有某种陆地上没有的生命；又或许是一片海藻地，倒伏在地，被海水泡得湿漉漉的，为居住在下面的生物提供了一顶保护篷。潮汐甚至会讲一种与海浪截然不同的独特语言，直击我们的听觉。涨潮声在岸上听得最清晰，因为那里远离开阔海面的惊涛骇浪。夜深人静时，上涨的潮水带来平静的大潮，发出含混的水声——水花飞溅，涡流回旋，持续不断地拍打着礁石。有时还会听见低沉的呢喃私语，然后，所有声响突然被汹涌的海水灌流声淹没。

在这片海滩上，潮汐塑造了生命的特性与行为。潮起潮落，给了住在潮际线之间的生物每天两次体验陆地的机会。对那些栖居在低潮线附近的物种来说，每天接触阳光和空气的时间非常短暂；而对那些生活在较高海岸的物种来说，面对一个陌生环境时间更长，所需要的忍耐力更强。不过，在所有的潮间带，生命的律动已经与潮汐的节奏合拍。而在时而是陆地，时而是海洋的交界处，海洋生物只能吸收溶于海水中的氧气，所以必须想方设法保持湿润；极少数可以越过高潮线，直接呼吸空气的物种，则必须确保自己不被潮水淹死，方法是带上自备的氧气供应。低潮时，潮间带的大多数动物都无法捕获猎物，换句话说，要维持生命，通常得在海水覆盖海滩时才能完成。因此，潮汐的节律反映了动静转换的生物节律。

涨潮时，深藏在沙下的动物会爬出表面，或者探出它们长长的呼吸管或虹吸管，或者在地洞里汲水。附着在岩石上的动物会张开壳或者伸出触手捕食。食肉动物和食草动物兴奋地四处活动。退潮时，沙地寄居者重新躲进湿沙深层，住在岩石上的动物也会采用各种方式避免失去水分。蠕虫缩回到自己建造的石灰质管道中，用像改良版软木塞一样的鳃丝封住入口。藤壶合上外壳，将湿气保存在鳃周围。海螺躲进壳里，关上大门一样的鳃盖，隔绝空气，从而将海洋的湿气锁在壳内。云虾和滩蚤藏在岩石或海草下，等待下一次潮汐解救它们。

每一个朔望月，月亮会经历两次盈亏，引潮力随之增减，高低水位线也日复一日变换。满月和新月后的潮汐，比一个月中其他任何时候都来得更猛烈，因为此刻太阳、月亮还有地球呈一条直线，引力相互叠加。出于复杂的天文原因，最强的潮汐发生在满月和新月的几天后，而不是精确地与月相同步。这段时间里，潮水会涨得比往常高，而退潮后的水位也退得比平时低，所以被称作“春潮”。“春潮”出自撒克逊语“spungen”，字面意思是“春天”，但实际上并非指代这一季节，而是指水的满溢，有“涌出”之意。每一个见过春潮拍击岩石峭壁的人，都会觉得这个术语恰如其分。

上、下弦月时，月亮引力与太阳引力呈直角，因此两种力量会相互干扰，潮汐运动就会变得懒散无力。这时，潮水既没有春潮涨得那么高，也没有它退得那么低。这种拖沓迟缓的潮汐被称作“小潮”，此语源于古斯堪的纳维亚语词根，意思是“勉强碰到”或“几乎不够”。

北美大西洋沿岸的潮汐运动遵循所谓的半日节律，即每一个潮汐日（大约二十四小时五十分钟内）会产生两次高潮、两次低潮。两次低潮间隔十二小时二十五分钟，地点不同，间隔时间略有增减。同理，两次高潮也间隔十二小时二十五分钟。

在世界各地，潮汐类型千差万别，即使是美国大西洋沿岸的潮汐，也大相径庭。在佛罗里达群岛附近，潮汐的涨落仅相差一两英尺，而在长长的佛罗里达海岸，春潮的高度差距在三至四英尺之间。再往北走一点，到了乔治亚州的海岛，潮汐可以涨到八英尺高，而在卡罗莱纳州和北部的新英格兰地区，潮汐强度则小得多。春潮的高度，南卡罗莱纳州的查尔斯顿是六英尺，北卡罗莱纳州的博福特仅有三英尺，而新泽西州的五月岬为五英尺。马萨诸塞州楠塔基特岛极少有潮汐，但在不到三十英里外的科德角海湾，春潮的高度可达十到十一英尺。新英格兰地区大部分岩石海岸的潮汐都出现在芬迪湾。从科德角到帕萨马科迪湾，潮汐落差不同，高度相当可观：普罗温斯敦十英尺，巴尔港十二英尺，东港二十英尺，卡莱斯二十二英尺。在大潮与岩石海岸的交界处，生命暴露在外，完美地展示了潮汐对生物的作用力。

日复一日，退潮后，潮水从新英格兰岩石海岸的石缝中溜走，向海滩发起的进攻则被清晰地记录下来，留下一道道与海岸平行的彩带。这些彩带由不同的生物组成，反映了潮汐的不同时段以及海岸某个特定区域被潮水侵袭的时长，并由此判断出有哪些生物居住于此。最顽强的物种生活在高水位，比如蓝绿藻，这是地球上最古老的植物之一，远古时便出现在海洋，高潮线上方的岩石表面能看到蓝绿藻的深色印记。这块黑色区域在世界各地的岩石海岸都清晰可见。黑色的区域下面是海螺，以薄薄的植被为食，藏身于岩石缝隙，正朝陆生方向进化。最明显的印记都始于高潮线。在海浪相对温柔的开阔海滩，高潮线以下的部分被成千上万的藤壶层层叠叠地覆盖住，雪白一片。这抹白色偶尔被贻贝扰乱，如同白底上打了一块块深蓝色补丁。再往下是海藻，形成由岩藻铺成的褐色原野。接近低潮线的是爱尔兰苔藓，生长极为缓慢，呈现一条宽宽的彩带，但小潮时通常见不到，只有赶上大潮时才会出现。有时候，爱尔兰苔藓的红褐色会掺杂进另一种海藻的亮蓝色中，这种海藻形如发丝，有金属丝般的质地。春潮退去的最后一个小时里，另一块区域也会露出来，那便是次潮世界；所有的岩石都呈现清一色的深玫瑰色，色彩源于生长在岩石表面、分泌钙质的海藻，海藻旁是倒伏在岩石上、粼粼发光的棕色大海带。

除了微小的差异，类似的生物存在于海滨各个角落。差异主要由海浪的冲力造成，生物在某些地方寥寥无几，在其他地方却欣欣向荣。比如，在海浪冲击力较强的地区，白色藤壶占据了海滩前端大部分区域，而岩藻只占极小部分。在海浪较弱的地区，岩藻不仅占据了海滩中段，还侵入岩石区上部，让藤壶的生存空间越发显得局促。

或许从某种意义上说，潮间带指的是小潮高低水位线之间的区域。每次涨潮，这片区域都会被海水彻底覆盖，退潮时又完全显露，一天两次。居住在这里的是典型的海岸动植物，每天都要接触海水，但同时又能短时间暴露于地面。

小潮高水位线以上看起来不像海洋，更接近陆地。栖居于此的主要是一些先锋物种。它们已经沿着朝陆地生命进化的道路跋涉了很久，能忍受长达数小时甚至数天的离海生活。有一种藤壶占领了高潮位线的岩石区，每月只有春潮前后的几天，海水能漫过这里。潮水带来食物和氧气，繁殖季节时又帮助它们将幼体带至表层水中孵化。短短几天，藤壶就能完成所有必经的生命历程。最后一浪大潮退去，它们暂时停留在一个陌生的世界，直到两周后，春潮再次光顾。它们所能采取的唯一防御措施是紧闭外壳，将海水的湿气牢牢锁在身旁。藤壶的一生中，活动的时候少，睡眠的时候多，两者交替进行，就像生长在北极的植物一样，必须趁着夏季来临，在短短几周时间里制造食物、储存食物、开花、结籽。藤壶已经完全适应了这样的生活，唯有这样，才能在严酷的条件下生存。

有些海洋动物甚至能在春潮高位线以上的浪溅区生存，在这里，仅有的含盐湿气来自碎波飞溅时产生的水雾。玉黍螺家族是其中的佼佼者。西印度群岛有一种海螺可以离开海洋数月之久，还有一种欧洲的岩螺，只等春潮到来，把卵带入海中，除了这个关键的繁殖环节，别的活动都不需要海水。

小潮低水位线下，有部分区域只在潮水退至最低点附近时，才会渐渐显露。潮间带的所有区域中，这部分与大海的联系最为紧密。所有的栖居者都带有鲜明的近海特征。幸亏这里暴露在空气中的时间短、频率低，生物才得以存活。

潮汐与生命之间的关系密切，但生物的演化是否顺应潮汐节律，尚不明确。有些看样子只利用了海水的机械运动。比如，牡蛎幼体利用潮水攀附到有利地形，成年牡蛎却分布在海湾、海峡或河口，不在盐分高的海水里生活，因此对牡蛎来说，将其幼体送到开阔的海域，对该物种的繁衍大有裨益。孵化后的牡蛎幼体随波漂流，潮水可能把它们带到海里，也可能把它们带向河口或是海湾上游。由于新增了水流的作用，在河口地区，退潮时间比涨潮时间长，所以在牡蛎幼体两周的生长时间里，退潮的水流会把它们带到离岸很远的地方。不过，随着幼体成熟，其行为模式会发生巨大变化。退潮时，它们沉到海底，以免被水流卷入海中，等潮水再次涌来，它们也浮到水面，跟随水流回到上游，回到更适宜成年个体生存的低盐区域。

另外一些物种则调整自身的繁殖节律，以免其幼体被卷入不适合生存的海水中。有一种生活在近潮汐区的管状蠕虫，就以其特有的方式躲避春潮的影响。每隔两周，这种蠕虫会趁水波不兴的小潮将幼体散播入海，浮游期非常短暂的蠕虫幼体留在最合适的海岸上的机会则大大增加。

此外，还有一些神秘莫测的潮汐效应。有时，动物产卵的周期与潮汐同步，这体现了动物对静水和流水压力差变化所做出的反应。百慕大群岛有一种叫石鳖的原始软体动物，在清晨低潮时出现，日出后随水流退去。趁海水漫过身体，石鳖抓紧时机产卵。还有一种日本蠕虫，只在一年中潮汐最强时产卵，也就是十月和十一月的新月潮和满月潮附近。据猜测，这大概是受潮水振幅影响而形成的某种规律。

还有许多与上述物种毫不相关的海洋生物，同样按照固定时间产卵，节奏与满月、新月或小半潮同步，但原因是潮水的压力，还是月光的亮度，就不得而知了。比如，龟岛上有一种海胆只在满月之夜产卵。也不知受了何种刺激，所有的海胆都群起响应，在同一时间释放出大量的生殖细胞。英格兰海岸有一种水螅虫，长着植物般的外表，能够繁殖极小的、水母似的幼体，逢下弦月时释放出来。马萨诸塞州海岸的伍兹霍尔有一种像蛤蜊一样的软体动物，在满月和新月之间，避开每月的第一周产卵。那不勒斯的一种沙蚕会在每月除朔望日外的日子举行集体婚礼。伍兹霍尔还有一种沙蚕，尽管暴露在同一轮月亮下和猛烈的潮水中，却没有类似的习性。

纵观上述例子，没有哪一个能让我们确定：动物究竟是对潮汐做出反应，还是像潮汐一样对月球的影响做出反应。当然，植物的情况大不一样，古往今来，世界各地都能找到月光如何影响植物生长的科学证据。很多证据表明，矽藻和其他浮游植物的大量繁殖与月相密切相关。河里的浮游藻类在月圆时数量达到峰值。北卡罗莱纳州海岸的一种褐藻只在月圆时才释放生殖细胞，类似的行为在日本和世界其他地方的海藻身上也有体现。这些反应通常被解释为不同强度的偏振光对细胞质产生的不同影响。

另一些观测结果表明，植物与动物的繁殖生长之间存在联系。浮游植物的边缘聚集了大量成长迅速的鲱鱼，自然发育成熟的鲱鱼群则远远避开。有报告称，鲱鱼的成体、鱼卵加上其他海洋生物的幼体，数量众多，都集中在浮游植物密集的区域。一位日本科学家做过一个重要试验，发现可以用海白菜萃取物来诱导牡蛎产卵。这类海藻能分泌一种影响矽藻生长和繁殖的物质，本身也受岩藻旺盛区周围海水的刺激。

关于海水中存在的这种“外界微量影响元素”（新陈代谢的外分泌物或产物），相关课题如今已成为一门前沿科学，研究尚不全面，还有待进一步探索。不过，我们似乎已经可以尝试解决一些困扰人类几个世纪的谜团。这门学科依然处在迷雾笼罩的知识边缘，曾经的探索也许墨守成规，很多过去认为难以解释的现象，伴随这些新物质的发现，将为我们拓宽思路。

无论时间还是空间，海洋里的一切都神秘莫测，比如物种的迁徙、物种的更替。在同一片海域，某个物种出现、繁荣兴盛一段时间后便销声匿迹，被另一个物种取代，继而又被下一个物种取代，好像演员轮番登场，在我们眼前演出盛大的舞台剧。我们很早就熟知的“赤潮”现象，至今还在一次次重演。发生这种现象，是由于某些微生物过量繁殖导致的海洋“脱色”现象，通常由腰鞭毛虫引起。赤潮灾难性的副作用，是它能造成鱼类和某些无脊椎动物的大量死亡。还有某些看似毫无章法的鱼类巡游，鱼群进入或离开某些海域时常常带来巨大的经济收益或损失。当俗称的“大西洋海水”淹没英格兰南部海岸时，普利茅斯的渔场出现大量鲱鱼，某些典型的浮游动物大量涌现，潮间带也注满某些无脊椎动物。但当这股海水被来自英吉利海峡的海水冲散时，演员表又发生了变化。

通过探索海水和海洋生物所扮演的角色，我们希望能解开一些古老的谜团。因为我们确信，海洋中没有哪一种生命能够独立生存。海水被海洋生物所改变，这些生物释放出可以长久影响海洋的新物质，不仅改变了海水的化学属性，也重塑了其影响生命的能力。因此，过去、现在和将来紧密相连，每一种生物都与周围环境息息相关。

|第三章|

岩石海岸

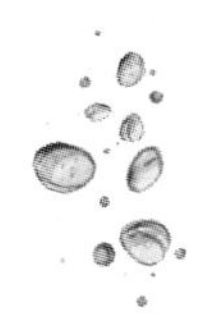

岩石海岸涨潮时，潮水漫到岸边，几乎淹没扎根于此的月桂和杜松垂下的枝条，这让人很容易相信，临海的水域附近也许找不到生命的踪迹。除了偶尔从这里飞过的几只银鸥，什么也看不见，因为潮水高涨时，银鸥们会在海浪和飞沫溅不到的干燥岩石上休息，将黄色的喙藏在羽毛下，趁等待潮水退去的空当打个盹儿。放眼望去，潮水拍打的岩石缝里没有一点动静，但鸥鸟们清楚猎物在哪儿，也知道潮水会如约退去，到那时候，潮间带的入口就会敞开大门。

伴随潮水上涨，岩石海岸变得动荡不安。海浪高高跃起，翻过凸出的岩石，在朝向陆地的一侧形成一道瀑布。等到退潮时，海浪变得绵软无力，海岸又恢复了宁静与祥和。潮来潮往，平淡无奇，只是灰色的岩壁上会出现一块潮湿的水印。海面上，潮水打着漩儿涌过来，又在暗礁的阻拦下碎成浪花。很快，被潮水淹没的岩石又露出来，残留的水滴在阳光下闪闪发光。

小小的、脏兮兮的海螺们在岩石表面四处爬行，岩壁长满细小的绿色植物，异常湿滑。海螺们不停地搜寻、搜寻，赶在潮水涌来前找到一些食物。

藤壶跃入眼帘。这时的藤壶好似沉积已久的残雪，不再像初雪一般洁白，覆盖在岩石和旧桅杆上，或者楔入岩缝中，锋利的尖锥布满贻贝的空壳、捕虾笼的浮漂和深水海藻坚硬的叶柄。所有这些，都纠缠在潮汐冲来的漂浮物中。

不知不觉中，潮水渐渐退去，露出岸边平缓岩壁上的褐藻草甸。丝状的草甸宛如美人鱼的头发，星星点点，在阳光的照射下，颜色逐渐由绿变白，变得皱巴巴的。

刚才还在高处礁石上栖息的海鸥，此刻正沿着石壁庄重地踱着步子，在海草帘下搜寻海蟹和海胆。

在低洼地带，潮水留下小水坑和小水沟。水汩汩地流淌，形成小型瀑布，岩石间和下方的幽暗洞穴，都被潮水填满，水面像一面面镜子，映出纤弱精巧的生物，躲避烈日的暴晒和海浪的冲击——小海葵奶油色的花冠和海鸡冠粉红色的触手从洞穴顶部垂下，像一盏盏吊灯。

就连潮池深处的平静世界，也受到涌来的潮水惊扰。螃蟹侧着身子，沿着石壁往上爬，爪子四处扒拉、试探，寻觅各种食物残渣。水池就像一个个五彩斑斓的花园，有淡绿色和赭黄色的结壳海绵，有一簇簇娇弱如春天花朵的淡粉色的水螅，有闪着古铜色和铁蓝色光泽的爱尔兰苔藓，以及浅暗红色的珊瑚藻。

海岸上到处弥漫着一股潮水退去后的气息，夹杂着蠕虫、海螺、水母和螃蟹淡淡的味道——海绵散发的硫黄味儿，褐藻的碘味儿，还有晒干的岩石上闪闪发亮的结晶盐的咸味儿。

我喜欢穿过一条被常绿阔叶林掩映的小径，走到岩石海岸边。这条小径有其独特的魅力。清晨，我踏上林间小径，天刚蒙蒙亮，雾气从海面飘来。这里像一片幽灵森林，在茂盛的云杉和香脂树间，许多枯死的树依然伫立，有的歪向一旁，有的倒伏在地。所有树木，无论活着的还是死去的，树干都长满绿色和银色的地衣。一丛丛长松萝（又叫“老人的胡须”）从树枝上垂下，像海雾一般缠绕。地上铺着一张由林地苔藓和石蕊编织的地毯。在如此安静的地方，就连海浪的咆哮都降低了音量，回声轻微，犹如耳语，但森林的声音却如幽灵一般——微风轻拂，常绿针叶林发出微弱的叹息；摇摇欲坠的枯木砸到附近的树，树皮相互摩擦，发出阵阵嘎吱声和沉重的呻吟声；折断的树枝在松鼠的脚下发出的咔哒声，不绝于耳。

终于，我走出幽深的密林小径，来到岸边。涛声盖过森林的呓语，海浪拍打出热烈的、有节奏的、持续不断的声响，撞击着岩石，一浪高过一浪。

沿着海岸线，森林的边缘与海浪、天空和岩石构成了一幅轮廓分明的风景画。轻柔的海雾模糊了岩石的轮廓，灰色的海水和灰色的雾营造一个朦胧而空灵的世界，呼唤着新生命的到来。

这是一处形成时间不久的海岸，带给我的新奇感，远远超过晨曦和雾霭的幻景。在地球的生命史中，这样的场景恍如昨日：随着海岸下沉，涌上来的海水填满山谷，又漫上山坡，创造了这些崎岖的海岸。岩石从海中升起，绿树从山坡一直长到岸边。在美国南部，这样的海岸就像一块远古的陆地，因为千百万年来，南部的海岸变化不大，海浪和风雨共同创造出沙子，并进一步形成沙丘、海滩及近海的沙洲和浅滩。北部海岸也有平坦的沿海平原与宽阔的沙滩接壤，沙滩背后是由石质山丘与山谷交替形成的景观，山谷在溪水和冰川的磨蚀下，变得越来越深。山体由片麻岩和其他耐侵蚀的结晶岩构成，低谷则由质地较软的砂岩、页岩和泥灰岩等组成。

随后，景色发生变化。从长岛附近的某处开始，柔韧的地壳在巨大的冰川压力下变得倾斜。我们熟悉的美国缅因州东部和加拿大新斯科舍省，就是由冰川挤压而成的，有些地壳甚至被压到了海底一千两百英尺深的地方。所有的北部沿海平原都被海水淹没，某些高地变成了如今的近海浅滩，比如新英格兰和加拿大海岸的浅水渔场——乔治斯浅滩、布朗浅滩、开柔浅滩以及大浅滩。除了偶尔孤零零露出水面的山丘，比如缅因州的孟希根岛（在古代这儿一定是耸立在沿海平原上的一座残丘），其余的山丘都被掩埋在海平面下。

山脊和山谷以一定的角度面对海岸，海水在群山之间的山谷里穿行，这便是缅因州犬牙交错、极不规则的海岸线的由来。狭长的肯纳贝克河河口、西普斯考特河河口、达马里斯科塔河河口，以及其他河流的河口都往内陆倒流约二十英里。这些咸水河是大海伸出的“手臂”，曾经长满青草和树木的山谷，似乎一夜之间就被海水淹没。近海的岛群倾斜着插入大海，渐次散开，这些曾经的陆地，有一半淹没在海水中。

但在与巨大的岩石山脊平行的地方，海岸线就相对平滑，很少有参差不齐的情况。千百年来的降雨，只在花岗岩山丘的侧面冲刷出浅浅的山谷，所以当海水上涨时，那里只形成宽阔的小海湾，而非长长的蜿蜒河流。类似的海岸线位于新斯科舍省南部，或者马萨诸塞州的安角地区，那里的抗蚀岩石带沿海岸向东弯曲，岛屿通常与海岸线平行，而不会伸入海中。

如果用地质事件来衡量，所有这一切都发生得太快、太突然了，地貌还来不及逐渐适应。这是不久前才发生的事情，因为海洋和陆地的关系形成还不到一万年。在地球的编年史中，短短几千年实在是微不足道，在如此短暂的时间里，海浪尚未战胜坚硬的岩石，巨大的冰盖将松散的岩石和土壤冲刷干净，却无力在岩壁上凿出深深的凹痕，形成悬崖峭壁。

总的来说，崎岖的山体造就了崎岖的海岸。这里没有浪蚀岩柱和拱洞，无法辨别更古老的海岸和软岩海岸，只有少数几处海岸能见识到海浪的作用力。芒特迪瑟特岛南侧的海岸受到海浪的严重侵袭，海浪凿出“海葵洞”，在“雷声洞”中穿行，拍打小洞的顶部。每逢涨潮，洞里便传来海水的咆哮声。

也有一些海岸，海水冲刷着峭壁的底端，这些峭壁由板块的剪切效应形成。芒特迪瑟特岛上的悬崖，比如“帆船头海角”“大海角”和“水獭海角”，高度都有一百多英尺。如果不熟悉该地区的地质历史，就会误以为如此壮观的峭壁是海浪的杰作。

而在布雷顿角岛和新不伦瑞克，海岸又大不一样，海蚀作用随处可见。这里的海岸由石炭纪时期形成的软岩低地构成，难以抵挡海浪的侵蚀作用。软砂岩和砾岩以平均每年五六英寸的速度被海浪侵蚀，某些地方的侵蚀速度甚至达到每年几英尺。海蚀崖、海蚀穴、海蚀柱、海蚀龛是这些海岸常见的地貌特征。

新英格兰北部的岩石海岸，偶尔会有一些由细沙、砾石或卵石构成的小块海滩。形成这些海滩的成因不同。有的来自冰川碎片，当地表倾斜时海水涌入，碎片覆盖在岩石表层。海藻像一把“大虎钳”，将大块的岩石和砾石从近海的水中搬运上来。风浪分开海藻和石头，将其抛向岸边。即使没有海藻帮忙，海浪也运来相当数量的沙子、碎石、贝壳碎片，甚至大块岩石。这些难得一见的沙质或卵石海滩几乎都位于隐蔽、向内弯曲的海岸或海湾尽头，在那里，海浪遗留下杂物，不把它们带走。

在云杉林和海浪之间锯齿状的海岸岩石上，清晨的薄雾遮住了灯塔、渔船和其他人造建筑，也模糊了时间概念，让人不禁联想到，大海创造出这处特别的海岸线也不过是昨天的事情，但是对栖息在潮间带岩石间的生物来说，它们有足够多的时间在这里建起自己的王国，取代与古老的海滨相接的沙质和泥质沙滩上的生物群。同一片海水漫过新英格兰北部的海岸，淹没了沿海平原，在坚硬的岩石高地停下脚步。这里迎来了第一批在岩石上安家落户的居民——它们曾经顺着洋流漂泊，一路寻找可以落脚之地，要是不能成功登陆，等待它们的只有死亡。

虽然没人记录下谁是最早的定居者，或追踪其随后的居住形态，我们却能大胆地设想谁是这些岩石最初的开拓者，以及它们后来的生活状况。入侵的海水带来了许多种海岸动物的幼体，但只有那些能找到食物的幸运儿才能在新的海岸活下来。起初，唯一能用来充饥的是浮游生物，被冲刷海岸岩石的潮水一次次奉上。最初的永久居民就像是浮游生物的过滤器，比如藤壶和贻贝，只需要小块的坚硬地盘来固定身体。藤壶的白色锥体和贻贝的黑壳附近，聚集了藻类的孢子，渐渐地，一层生机盎然的绿膜开始爬到上层岩石。然后食草动物也被吸引过来——海螺三五成群，费力地用锋利的舌头刮蹭着岩石，舔着覆盖在上面的、微小得让肉眼几乎看不见的植物细胞。只有以浮游生物和植物为食的动物在此地立足后，食肉动物才能在这里生存和定居。食肉的荔枝螺、海星和海蟹、蠕虫，在这处岩石林立的海岸定居的时间相对较晚。等所有生物在岸边集结完毕，在潮汐创造的水平地带里繁衍生息，为了躲开海浪、寻找食物或者逃避天敌的追击，它们要么钻进小小的囊里，要么成群聚居。

走出林中小路，多姿多彩的生命在我面前徐徐展开，那正是“外露海岸”的显著特征之一。从云杉林的边缘，到海藻的黑森林，陆地生命向海洋生命的过渡，也许并没有我们想象中那么突兀。通过各种微妙的关联，从远古时期开始，两者便已和谐统一。

地衣生活在岸上的森林中。数百万年来，地衣默默地将岩石一点点剥离。有些地衣离开森林，从裸露的岩石一路前进到涨潮线，有些甚至跋涉得更远，坚强地生长在起起落落的潮水中，以便登上潮间带的岩石，施展神奇的魔法。潮湿的清晨雾气弥漫，朝向海面的岩壁上的石耳像一片片薄薄的、柔软的绿色皮革，但在正午的阳光下，石耳变得又黑又脆，让岩石看起来像是蜕掉了一层外皮。地耳在盐雾中蓬勃伸展，墙生地衣的橘色色斑延伸到悬崖，甚至染红了巨石靠近陆地的一侧。潮水只在每个月水位最高时才会造访这里。许多灰绿色的地衣扭成奇形怪状，从岩石底部也长出黑色的、毛茸茸的地衣，逐渐分解岩石的分子颗粒，释放出酸性物质，将岩石慢慢溶解。地衣吸收了水分，变得膨胀，岩石斑驳瓦解，最终形成了土壤。

根据矿物性质，森林边缘的岩石呈现白色、灰白色或浅黄色。这些岩石像陆地的干燥岩石，只有少数昆虫或一些陆地生物把它们当作通往海洋的路径。但是，在明显属于海洋的区域之上，这些岩石表现出一种奇妙的褪色现象，以条痕、斑点或持续的黑色环带为显著标志。这个黑色地带看不出生命的迹象，人们称其为“暗斑”，或岩石表面的“粗糙毡状突起”。然而，这其实是生长得密密麻麻的微小植物，其构成包括一种小地衣，一种或多种绿色藻类，但大多数情况下，是一种最简单、最古老的植物——蓝绿藻。一些蓝绿藻被封闭在湿滑的鞘中，保护自己免于脱水，以便能够长时间暴露在阳光和空气中。蓝绿藻的体型极其微小，作为个体，根本无法拿肉眼看清。蓝绿藻的胶质鞘，被碎波四处喷洒，让岸边的岩石像冰面一样滑溜溜的。

岸边这块黑色地带貌似单调而毫无生气，却神秘得叫人捉摸不透、引人入胜。在岩石与海洋相遇的地方，微古生物写下隐晦的铭文，尽管这些文字与潮汐和海洋似乎存在某种关联，传递的信息却并不明了。漂流在潮间带的生命来来去去，这块暗斑却始终如一。岩藻、藤壶、海螺和贻贝会随着周围环境的变化在潮间带里出现又消失，但微古生物的黑色铭文却永远存在。我在缅因州的海岸见过它们，我还记得它们是如何把基拉戈岛的珊瑚边缘染黑，又是如何在圣·奥古斯丁的贝壳灰岩的光滑平台上留下条纹，并在博福特的混凝土码头留下自己的轨迹。从南非到挪威，从阿留申群岛到澳大利亚，全世界都是如此。这是海洋与陆地交汇的标志。

到了这层深色的薄膜之下，我开始寻找第一个跨入陆地门槛的海洋生物。在高处的岩石缝，我找到了它们——玉黍螺部落最小的一类，俗称岩石玉黍螺或粗玉黍螺。有些海螺的幼体实在太小，需要借助放大镜，我才能看得清。在裂缝和洼地，聚集着成百上千只海螺，我可以找出从幼体到半英寸大小的成年海螺。如果这些海螺是最普通常见的海洋生物，我会认为这些小螺也许从遥远的海域远道而来，其幼体在海里漂流一段时间后，才抵达这里。但粗玉黍螺并没有将幼体送入海洋，恰恰相反，它是一种胎生生物，卵包裹在卵囊内，在母体内生长发育。卵囊内的物质滋养着幼小的螺，直到最后破囊而出，然后从母体中孵化出来。背着壳子的粗玉黍螺，大小如磨细的咖啡粒。个头这么小，很容易被冲到海里去，所以它们经常隐藏在岩石缝隙或空藤壶壳里，数量众多。

在玉黍螺聚集生活的水平地带，海水伴随两周一次的大潮光顾这里。在两次涨潮漫长的间歇，海浪的飞沫是玉黍螺能接触到的唯一水源。岩石在飞沫的喷溅下变得湿润，让玉黍螺能有更多时间去觅食，爬向黑色地衣聚集的区域。生长在岩石上、让石头表面滑溜溜的植物，是玉黍螺的食物。和所有螺类一样，玉黍螺也是素食主义者。玉黍螺有特殊的器官，上面布满一排排尖锐的钙质牙齿，用来刮下岩石表层的植物。这种叫作齿舌的器官是一种位于咽喉底部的连续带状物，像手表发条一样紧紧盘绕，如果把齿舌展开，长度将是玉黍螺体长的数倍。齿舌本身含有甲壳素，昆虫翅膀及龙虾壳就是由这种物质构成的。齿舌上的牙齿约有几百行（还有一种厚壳玉黍螺，牙齿总数约有三千五百颗）。在刮擦岩石的时候，玉黍螺的牙齿会有一定程度的磨损，现有的牙齿磨损后，会有新的牙齿从后面长出来。

除了玉黍螺的牙齿，岩石也会有磨损。在过去数百年中，大量的玉黍螺刮擦岩石，寻找食物，产生了显著的侵蚀效应。玉黍螺将岩石表面一层层剥离，使潮池不断变深。美国加州的一位生物学家曾经观察某个潮池达十六年之久，他发现玉黍螺将潮池底部磨去了大约八分之三英寸。只有雨水、霜冻和洪水，才能达到类似的侵蚀程度。

玉黍螺在潮间带的岩石觅食，等待潮汐再次归来，并时刻准备步入进化的下一个阶段，朝着陆地前进。如今，我们在陆地上见到的所有海螺都源于海洋，其祖先在某个时期，也曾徘徊于这块海岸。这些玉黍螺目前正处于进化的中间阶段。从在新英格兰海岸发现的三个物种的构造和生活习惯，可以清楚看到由海洋生物转变为陆地居民的进化阶段。光玉黍螺依然受制于大海，只能短时间脱离海水。退潮时，光玉黍螺躲藏在潮湿的海藻下面。厚壳玉黍螺通常生活在只有大潮时才会被海水短暂淹没的地方，仍然将卵产在海水里，尚未做好在陆地上生活的准备。而粗玉黍螺已经切断与海洋的大部分联系，几乎可以算是一种陆地动物了。通过胎生，粗玉黍螺逐渐摆脱了对海洋的依赖。粗玉黍螺能在大潮的高水位线区域茁壮成长，因为和其他生活在较低潮位线的玉黍螺不同，粗玉黍螺拥有靠血管供血的鳃腔，功能类似于从空气中呼吸氧气的肺。事实上，长时间浸泡在海水里，对粗玉黍螺来说才是致命的，进化到现在，它们甚至能在干燥的空气中存活三十一天之久。

法国的一位研究者发现，粗玉黍螺的行为模式深受潮汐节律的影响，即使不再暴露于涨落交替的海水中，它们依然“记得”这种节律。两周一次的大潮造访，是粗玉黍螺最活跃的时候，而在无水的间隔期，它们变得越来越迟钝、懒散，身体组织也变得干燥。而等大潮来临，情况又发生反转。如果把这些玉黍螺带回实验室，即使过了好几个月，它们依然会表现出与在岸边相同的生活规律。

在岩石裸露的新英格兰海岸，说到生活在高潮带的动物，最显眼的要数岩藤壶或圆锥藤壶了。除了波涛最为汹涌的海域，这种生物几乎能在任何地方生存。这里的岩藻受海浪的影响发育不良，对藤壶毫无威胁，因此除了一些贻贝，高海岸带都被藤壶占据。

退潮后，被藤壶覆盖的岩石呈现出一派矿区的景观，表面被雕琢出成千上万个小小的尖锐锥体。锥体一动不动，似乎没有任何生命的迹象。和软体动物一样，石质的外壳由藏在其中的动物所分泌的石灰质构成。每个锥形外壳由六块整齐嵌合的板环绕而成。潮水退去时，四块薄片构成的掩门就会关闭，保护藤壶免于干燥，而当潮水涌来，这扇门就会再次打开，方便藤壶进食。涨潮的第一波涟漪给这片岩石的领地带来了勃勃生机。如果你站在齐脚踝深的海水里，仔细观察，就会看到在暗礁上到处都有微小的阴影忽隐忽现。每个圆锥体中央的入口处，都有一根羽状物规律性地伸出缩进，这是藤壶通过有节奏的运动，过滤潮水中的硅藻和其他的微生物。

每个壳里都有像粉红色的小虾一样的生物，脑袋朝下，牢牢地固定在壳的底部，无法剥离。只有六对修长的、覆有刚毛的节状肢暴露在壳外，团结协作，构成一张高效的捕食网。

藤壶属于甲壳纲中的节肢动物类，该族群种类繁多，包括龙虾、蟹、沙蚤、盐水虾和水蚤。藤壶因其固定静止的生活方式，与亲缘物种显得很不一样。藤壶是在什么时候、如何学会这种生活方式的，仍然是动物学领域的一大谜题，谁也说不清它们在过渡时期长什么样子。甲壳纲中还有一类叫端足类，和藤壶的生活方式类似，总是固定在某个位置，等待海水送来食物。有些甲壳纲动物会吐丝织成小网，或者结出天然丝茧；它们虽然来去自由，但大多数时间都会待在网上或茧里，从水流中过滤食物。另一种太平洋沿岸的端足类动物会钻进一种被叫作“海猪”的被囊类动物的领地，在宿主坚韧、半透明的身体里为自己挖出一个居室，它们躺卧在这个洞穴里，任由水流拂过身子，从中滤取食物。

藤壶进化出了坚硬的外壳，但其幼虫阶段的特征仍然表明它们的祖先是甲壳类动物，难怪早期的动物学家们将其归入软体动物。藤壶的卵在成体的壳内发育，孵化出的幼虫把海水染成一片片乳白色的云海（英国动物学家希拉里·摩尔研究过曼岛的藤壶后，曾推测在半英里的海岸上，藤壶的幼虫年孵化量超过一百万亿只）。岩藤壶的幼虫阶段大概持续三个月，其间伴随着数次蜕皮和体形的改变。一开始，幼虫有点像能游泳的无节幼体，与其他甲壳类动物的幼虫没什么分别。它们依靠大脂肪球获得养料，后者不仅滋养它们，还可以使之保持在表层海水附近。但随着脂肪球渐渐缩小，幼虫开始在较低的水位遨游，并最终改变身体形态，长出一对壳、六对用来游泳的腿和一对尖端有吸盘的触须。这种“腺介虫”阶段的幼虫看起来更像是另一种甲壳类动物“介形虫”的成体。最后，遵循趋重避光的本能，它们沉到海底，为成熟做好准备。

没人知道有多少乘浪而来的藤壶幼体能顺利靠岸，又有多少登陆成功的幼体没能找到一处干净而坚硬的立足点。藤壶幼虫的安家落户并非偶然，而是颇费了一番心思。生物学家在实验室的观察发现，藤壶幼虫在着陆点附近“溜达”了一个多小时，全程由触须顶端的黏液牵引，在做出最后抉择之前，曾经测试和放弃了许多可能的地点。在自然界中，它们可能随着洋流漂泊很多天，沉入水下，检查海底是否适合安家，然后继续漂到另一处地点考察。

藤壶的幼虫需要哪些生存条件呢？也许它发现粗糙不平的岩石表面比光滑的岩石表面好得多；也许它被一片黏糊糊的微生植物驱逐，甚至被水螅或大型藻类所排斥。反正，幼虫被吸引到藤壶的地盘，原因也许是被某种神秘的化学作用所吸引，探测到由藤壶成体释放的物质，于是沿着这些物质所标出的路径，进入藤壶的领地。不管怎样，藤壶的幼体突然义无反顾地做出选择，将自己固定在所挑选的岩石表面。其身体组织经历了一次彻底的、大刀阔斧的重组，堪比蝴蝶幼虫的蜕变。从几乎不成形的混沌中，出现了壳的雏形，头部和腿尾也开始成形，还不到十二个小时，一副完整的锥形壳就完成了。

在其石灰质的壳斗里，藤壶的生长面临双重问题。作为一种封闭在几丁质壳中的甲壳动物，藤壶必须周期性地蜕掉其坚韧的皮肤，身体才能发育长大。看上去似乎难度不小，但这一壮举还是圆满完成了。每个夏天，我都能目睹很多次。我从岸边带回家的每一罐海水中，都有白色的半透明物体，斑斑点点，细若游丝，像极其微小的精灵丢弃的衣服。透过显微镜的镜头，每一处结构的细节都完美地展示出来。看样子，藤壶干净利落地完成了蜕皮过程，令人难以置信。在这张小小的、玻璃纸般的外壳上，我可以数出腿尾的关节数目，就连生长在关节根部的刚毛，似乎也从外皮中完整地剥离了出来。

第二个生长问题是藤壶需要扩充硬锥体，以容纳逐渐长大的身体。但似乎没人能说得清藤壶是如何做到这一点的，也许有一些化学分泌物可以溶解壳的内层，同时在外壳添砖加瓦。

如果没有遭遇天敌、过早夭折，岩藤壶能在潮汐区的中低层水域生存大约三年时间，或在高潮线附近生存五年。它们能忍受炎炎夏日里被晒得滚烫的岩石，冬季的严寒也不致命，只是尖冰可能会把岩石刮蹭得太干净，断了食物来源。大海并非它的敌人，海浪的冲击是藤壶日常生活的一部分。

当遭遇鱼类、蠕虫和螺类的攻击，或者由于自然原因，藤壶的生命走向尽头，其外壳依然固定在岩石上。这些空壳成为许多微小的海岸生物的居所。除了海螺的幼体定期住在那里，潮池里的虫子在涨潮时也急匆匆地钻进这些庇护所。在海岸更低一些的地方，或者在潮池里，藤壶留下的空壳很可能成为海葵、管状蠕虫甚至新一代藤壶幼虫的住所。

在海岸上，藤壶最主要的敌人是一种叫“荔枝螺”的彩色肉食海螺。虽然荔枝螺也捕食贻贝，甚至偶尔以滨螺为食，但在所有食物中它似乎更喜欢藤壶。也许是因为吃起来得心应手。跟其他螺类一样，荔枝螺也有齿舌，但它的齿舌并不像滨螺（厚壳玉黍螺的别称，以下同）那样用来刮取岩石表面的植物，而是拿来在带硬壳的猎物身上钻洞，然后通过钻出的洞，深入猎物体内，吃掉其最柔软的部分。如果要吞食一只藤壶，荔枝螺只需要用它的肉足封住藤壶的锥体壳，迫使其打开瓣膜。此外，荔枝螺还能产生一种可能有麻醉作用的分泌物——一种被称为“红紫素”的物质。古代地中海曾生活过类似的螺，也能分泌红紫素，人们把它们用作紫色染料的来源。着色的原理是一种叫“溴素”的有机化合物，在空气中氧化后形成紫色色素。

尽管汹涌的海浪会把荔枝螺冲跑，但它们的身影仍然出现在开阔的海岸，在藤壶和贻贝聚集的高潮线附近活动。荔枝螺的贪婪，也许会改变海岸的生态平衡。比如，曾经有一处海岸，由于荔枝螺的出现，藤壶的数量锐减，进而导致贻贝大量繁殖。当荔枝螺找不到更多藤壶时，就会转向贻贝。起初，它们会显得很笨拙，不知道该如何捕食这种新猎物：有些荔枝螺花费好几天时间钻空壳子，还有一些则爬进空壳里去钻。不过，它们会慢慢调整策略，适应新的猎物，如此一来，贻贝也开始大幅度减少。然后，藤壶在岩岸上重新定居，直到荔枝螺再次盯上它们。

从海岸中段至低潮线下，荔枝螺生活在从岩石壁垂下的湿淋淋的海藻背后、爱尔兰苔藓的草皮上或是一种红皮藻平整光滑的叶状体之间。它们附着在突出的岩架下，或聚集在岩石的深缝中。从海藻和贻贝上滴落的盐水，穿过石缝，汇成小溪，从地面流过。在这些地方，成群的荔枝螺聚集在一起交配，把卵产在稻草色的卵囊里，每个卵囊的大小和形状跟小麦粒差不多，外表却如羊皮纸般坚韧。每个卵囊都是独立的，基部固定在地面，它们通常紧密地挤在一起，形成一幅镶嵌画。

产下一个卵囊，大约需要一小时，但荔枝螺很少会在二十四小时内产下十个以上卵囊。在繁殖季里，一只荔枝螺可能产下多达二百四十五个卵囊。虽然每个卵囊里包含上千枚卵，但大多数都没有受精，其作用是给发育中的胚胎提供养料。随着受精卵成熟，卵囊会被红紫素染成紫色。大约四个月后，胚胎阶段结束，有十五到二十个荔枝螺幼虫从卵囊中孵化。尽管卵囊是在海岸产下并孵化，新生的荔枝螺却很少会在成体分布的海岸区域出现。显然，海浪将这些幼小的螺带回了低潮线或者水位更低的地方，说不定被冲进海里，消失得无影无踪，只在低水位处有几个幸存者。它们个头很小，大约只有十六分之一英寸（一点五毫米）高，以一种叫“螺旋虫”的管状蠕虫为食。和更小的藤壶锥体比起来，这些蠕虫的管道显然更容易穿透。等到荔枝螺长到约四分之一英寸（六毫米）或八分之三英寸（九点五毫米）高时，就会迁移到更高的海岸，开始以藤壶为食。

下到海岸中部，帽贝便多了起来。帽贝分散在暴露的岩石表面，但大多数还是生活在浅潮池里。帽贝的外壳像一个小圆锥体，大小如指甲，表面隐隐能看到浅棕色、灰色和蓝色的斑驳花纹。这是最古老、最原始的一种螺，但不要被帽贝原始简单的外表所迷惑，因为它早已完全适应海岸艰难的生存环境。海螺通常有一个螺旋形的外壳，而帽贝的壳却是个扁平的圆锥。有螺旋外壳的荔枝螺如果不设法藏在安全的岩缝或海草下，往往会被来袭的海浪冲走。帽贝只把它的壳压在岩石上，海水找不到着力点，就会从侧面流走。海浪越猛烈，帽贝与岩石的贴合就越紧密。大多数螺类都有一个壳盖，能把敌人拒之门外，同时保持住水分。帽贝在幼年时也有这样一个壳盖，成年后就弃之不用了，因为成年帽贝的外壳与底部紧密接合，即便不用壳盖，水分也能被保存在沟槽中，在壳内循环。这样的话，帽贝的鳃便可以泡在一块小小的海洋里，直到海浪下次来袭。

自从亚里士多德撰文描写帽贝离开它们在岩石上的家，外出觅食，人们就一直在记录帽贝的生活。对于帽贝是否有“归巢感”这个话题，曾经引起广泛讨论。每个帽贝，据说都拥有一个返回的“家”或地点。某些岩石上可能会有一处明显的“疤痕”，要么是个斑点，要么是个凹坑，与帽贝外壳的轮廓十分吻合。帽贝离开家，在满潮中觅食，用齿舌从岩石上将小小的岩藻刮落，一两个小时后，又沿着大致相同的路径返回，安定下来，等候低潮期过去。

许多19世纪的博物学家曾经尝试通过实验，像现代科学家探寻鸟类归巢能力的生理基础一样，从而发现帽贝“归巢”的本质和所涉及的器官，却未能取得成功。研究大多围绕一种在英国很常见的、叫作“帕泰拉”的帽贝展开。虽然没人能够解释归巢本能是如何发挥作用的，但毫无疑问，这种本能确实起了作用，而且精确度很高。

近年来，美国科学家也采用统计方式对此进行了调查，得出的结论是：太平洋沿岸的帽贝回“家”的本领不太好（针对生活在新英格兰地区的帽贝，并未展开细致研究）。不过，最近在加利福尼亚州开展的研究却支持归巢理论。W. G. 休伊特博士给一些帽贝和它们的家编了号。他发现，每当涨潮时，所有帽贝都会离开家，在外面游荡大约两个半小时，然后返回。每一次涨潮，它们出游的路径都不一样，但总能回到自己的家里。休伊特博士尝试在一只帽贝回家的路上挖了一道深沟。帽贝在沟旁停了下来，花了一些时间来对付这道障碍，等下次潮汐来临时，它径直绕过这道沟，顺利返家。另一只帽贝被挪到离家大约九英寸远的地方，外壳边缘被磨平，搁在同一个地点。它回了家，但由于其外壳边缘被打磨过，与岩石上的凹槽对不上，所以第二天，帽贝移动了约二十一英寸，没能回到原来的家。第四天，它找到一处新家，而十一天后，它消失得无影无踪。

帽贝与岸上的其他生物居民关系简单。它们的生活完全依赖一种覆盖在岩石上的小海藻，或者是一种较大的藻类的皮层细胞。不管是哪一种，齿舌都能应付。帽贝勤奋地刮蹭岩石表面，甚至在它们的胃里，都能找到岩石微粒。齿舌上的牙齿磨损过度后，会被新的牙齿取而代之。藻类孢子聚集在水中，准备在岩石上定居下来，先成为孢芽，再长成成年植株。帽贝算是它们的敌人，因为帽贝数量多，将岩石刮蹭得异常干净。不过，恰好是这样，才给藤壶提供了便利，让藤壶幼虫更容易附着在岩石表面。事实上，从帽贝的家往四面八方延伸的路径，常常被藤壶幼虫星形的外壳清晰地标记出来。

对这种体型微小、稍不留意就会从视线中溜走的海螺，其繁殖习性至今仍无人知晓。唯一能肯定的是，母帽贝不像别的螺类为自己产的卵提供卵囊，而是直接把卵产到大海里。这是一种许多简单的海洋生物都会遵循的原始习惯。卵细胞是在母体内受精，还是顺海水漂流时受精，一切都不确定。幼虫会在海面漂游一段时间，幸存者随后在岩石表面安顿下来，从幼虫变为成体。所有的帽贝幼体都是雄性，成年后变为雌性——这种情况对软体动物来说并不罕见。

和海岸的动物一样，海藻也默默地诉说着一段与巨浪打交道的故事。生长在海岬与大小海湾的岩藻通常能长到七英尺高，而在这一处开阔海岸，能长到七英寸就相当不错了。上层岩石区的生存条件十分严酷，海浪猛烈地击打岩石，入侵于此的岩藻生长得又稀疏又矮小。而在中下层区域，一些顽强的海藻建立起欣欣向荣的国度。与来自海水平静的岸边的海藻不同，它们是有海浪袭击的海岸的象征。随处都有岩石朝海面倾斜，岩石上铺着一层紫菜，在阳光的照耀下闪闪发光。紫菜的通用名是“紫色的染料”，它属于红藻类，虽然也有其他颜色，但在缅因州的海岸，紫菜几乎都呈紫褐色，像是从棕色透明塑料雨衣上切下的小块碎片。紫菜薄薄的叶状体像海白菜，但其组织是双层的，球壁彼此贴在一起，就像漏气瘪掉的气球。“气球”紫菜的叶柄被一种互相交织的绳索牢牢固定在岩石上，学名叫“脐带”。有时候，紫菜会固定在藤壶上，极少数情况下也会放弃坚硬的岩石表面，生长在其他藻类上。退潮后，暴露在烈日下时，紫菜会变得又干又脆，像一层层薄薄的纸，但再次涌来的海水会恢复它的弹性，所以紫菜虽然看起来弱不禁风，却能在海浪的冲击和撕扯中安然无恙。

在低潮位线生长着另外一种奇怪的海藻——小黏膜藻，也叫海马铃薯，外形像是粗糙的小球，表面有接缝，可卷入叶突，形成肉质的琥珀色块茎，直径大约一至两英寸。海马铃薯通常生长在苔藓或其他叶状海藻的周围，很少直接攀附在岩石上。

下层岩石和低潮池的池壁上长满厚厚的藻类。在这里，红藻几乎取代了长在高处的褐藻。和爱尔兰苔藓一道，红皮藻爬上池壁，单薄的暗红色叶状体缩成锯齿状，像手的形状。海藻的小叶有时沿潮池边缘杂乱分布，样子很寒碜。随着潮水退去，红皮藻紧贴着岩石，像一层薄纸叠在另一层上。许多小海星、海胆和软体动物选择住在红皮藻和爱尔兰苔藓深处。

红皮藻是藻类的一种，既能食用，又可作为牲畜的饲料。据一本关于海藻的古书记载，在苏格兰，“谁要是吃了盖尔蒂岸边的红皮藻，喝了凯丁基井里的水，就会百病不生”。在英国，牛喜欢吃红皮藻，羊会退潮后跑到海边去寻找红皮藻。在苏格兰、爱尔兰和冰岛，人们会用不同的方式吃红皮藻，比如晾干后，放进嘴里嚼，像嚼烟草一样。就连向来对它们瞧不上眼的美国人，也能在滨海城市里买到新鲜或晒干的红皮藻。

在水位最低的潮池，出现了海带，或者俗称的海白菜、“魔鬼的围裙”、墨角藻和昆布。海带属于褐藻的一种，在深水和极地海洋中蓬勃生长。马尾藻和其他海藻一起生活在潮间带下，但深潮池也会长出马尾藻，爬过低潮位线。马尾藻宽阔、平坦、坚韧的叶片分叉成长长的带状，表面柔软光滑，颜色呈深棕色。

深水区的海水冰冷刺骨，长满了幽暗摇曳的植物。朝深水区看去，就如同注视着一片黑森林，海带的叶子像棕榈树叶，海带的柄也像棕榈树干。如果用手指顺着茎干摸下去，捏住固着器的上部，就能把这株海带连根拔起，窥见一个微观世界。

海带固着器就像林木的根一样，会不断分叉、细分、再细分。固着器越复杂，说明植物头顶的海浪越凶猛。在这里，以过滤浮游生物为食的贻贝和海鞘找到了安全的依靠。小海星和海胆聚集在植物组织形成的弯拱结构下，肉食类蠕虫在夜间外出觅食，白天返回，将身体盘绕起来，缩进阴暗潮湿的洞穴之中。海绵像垫子一样铺在固着器附近，默默地、不眠不休地过滤池水。有一天，一只苔藓虫的幼虫在这里驻扎下来，建起自己微小的壳，随后又造出一个接一个的壳，直到海藻的支根附近形成一片冰霜状的、随波荡漾的花边。棕色的海带对眼皮底下的繁忙景象无动于衷，只顾往海水里伸展叶片，完成自己的生命周期，拼尽全力地成长，替换被撕裂的组织，并在繁殖季节将一团团生殖细胞释放到水中。对于生活在固着器附近的动物而言，海带的生存与它们的生存息息相关。如果海带坚定挺立，它们的小家便安然无恙；如果海带在惊涛骇浪中四分五裂，动物群也将四散奔逃，甚至遭遇灭顶之灾。

在所有动物中，最喜欢生活在潮池海带根部的是海蛇尾。这些脆弱的棘皮动物英文名叫“brittle star”，意为“脆弱的星星”，实在是名至实归。稍微一用力，就可能捏断它们的胳膊。这种反应对于一个生活在动荡世界的动物来说是非常有用的，因为如果一条胳膊被移动的石块压住，就可以折断，再长出一条新的胳膊。海蛇尾的移动速度很快，其灵活的胳膊不仅用来划水，还可以捕获小蠕虫和其他微小的海洋生物，并将食物送入自己的嘴巴。

海鳞虫也有固着器。海鳞虫的背上有两排充当防御武器的板子，板子下面躲着这只貌不惊人的环节动物，身体的每一节都有金色的刷毛一簇簇地横向突出。身披如此简陋的盔甲，让人不禁联想到石鳖。一些海鳞虫已经跟邻居们形成有趣的关系。有一种英国的海鳞虫，虽然偶尔搬搬家，却总喜欢和穴居动物共同生活。海鳞虫的幼虫与海蛇尾比邻而居，方便偷对方的食物；长大后，海鳞虫会移居到海参的洞穴，或者到个头更大的羽虫“海后星”的洞中去。

固着器上经常趴着一枚大马贻贝，有厚重的壳，长约四五英寸。马贻贝只生活在深潭或更远的外海，从来不出现在上层区域与小蓝贻贝为邻，只出没于岩壁或岩石间，因为生活在那里相对安全。有时，马贻贝会用粗糙的丝足、鹅卵石和贝壳碎片修建一处小巢或窝穴作为避难所。

还有一种小型蛤类生活在海带的固着器附近，叫岩石螟，因为它有红色的虹吸管，一些英国作家把它称作“红鼻子”。岩石螟是一种钻洞生物，住在挖好的石灰质、黏土或混凝土的孔洞中。在新英格兰地区，岩石坚硬，无法钻孔，因此新英格兰海岸的岩石螟选择住在珊瑚藻的表层或海带的固着器间。在英国的海岸，岩石螟在岩石上钻洞的本领堪比机械钻孔机。它们钻孔时并不像一些虫子借助化学分泌物，而是完全依靠其坚固的外壳，坚持不懈，无休无止，把机械磨损作用发挥到极致。

顺滑的海带叶子也为其他生物提供支持，尽管叶子附近的种群没有固着器附近那么丰富多样。在海带扁平的叶片上，在岩石表面和岩壁下方，一种叫作“菊海鞘”的金星被囊类动物铺就一层绚烂的垫子。墨绿色、凝胶状的物质上洒满金色的小星星，标记出了每一群被囊动物的位置。每个星团由三到十几种动物个体围绕中心辐射而成，众多的星团凑在一起，共同形成首尾相连、彼此嵌缀的垫子，长约六至八英寸。

在菊海鞘绚丽的外表之下，是令人惊叹的复杂构造和功能。每一颗星星的头顶，水流微微涌动，一股股水流似乎穿过漏斗，汇聚成形，与星星上的某个尖端相连，透过一个小孔，吸入海鞘体内。星团的正中冒出一大股朝外流动的水流。向内的水流带来食物和氧气，而朝外的水流带走了代谢后的废物。

乍一看，菊海鞘家族似乎并不比一块结壳海绵垫复杂。然而，组成菊海鞘群落的每一个个体都是高度组织化的生物，虽然它们与在码头和防波堤上见到的海鞘，例如“海葡萄”和“海花瓶”比起来，结构几乎相同，但每个菊海鞘却只有十六分之一到八分之一英寸长。

一块菊海鞘的根据地也许由数百个星团构成，其中包含数以千计的个体，来自同一个受精卵。在亲本群体中，卵在初夏时形成、受精，并在亲本组织中开始生长发育（每个菊海鞘既产生卵子又产生精子，但由于成熟的时间不同，为确保交叉受精，精子被释放到海水里，顺水飘走）。不久，亲本将蝌蚪状、长有长尾巴、能游泳的幼虫释放到海中。这些幼虫会在海中漂流一两个小时，然后在岩壁或海草上安定下来，迅速生长。很快，它们的尾巴不见了，游泳的本事也丧失了。没过两天，它们的心脏开始被囊动物特有的奇异节奏跳动，先将血液朝一个方向推动，休息片刻，又朝反方向倒流。大概两周后，这个小家伙已经长大成型，开始萌生新的个体，而新的个体又生出更新的个体。每一个新的生命个体都有自己独立的汲水口，但所有个体都与中央代谢口相连，以便排出代谢废物。所有个体聚集在一起时，这个公共的排泄口会变得拥挤不堪，于是，有一些新生个体被挤到一旁，在胶状组织垫上形成一个新的星团。就这样，菊海鞘的地盘越来越大。

潮间带有时会遭遇一种叫孔叶褐藻的深水昆布藻类入侵。孔叶褐藻曾是生长在寒冷北极海域的棕色海藻，如今却从格陵兰岛漂洋过海，来到了科德角。孔叶褐藻的外表与海苔藓和马尾海带有显著区别，但有时也会混在两者之中。孔叶褐藻宽阔的叶片上有无数的孔洞，这说明该植物在幼年时，叶片上曾布满乳头状的圆锥形突起，穿透后形成现在的孔洞。

在水位最低的潮池外，生长在斜插入深水的岩壁上的是另一种叫“翅藻”的昆布藻，意为“长翅膀的海带”，英国人称作“莫林”。翅藻长长的、有褶皱的流线型叶子随波上下漂浮，就像是被海水倾倒入海中。生殖细胞在肥厚的叶片中成熟后，会在叶片的基部形成，对于生活在滔天巨浪中的植物来说，生殖细胞在叶片基部，比在主叶片尖端安全得多（至于生长在海岸高处的岩藻，由于很少遭遇巨浪侵袭，其生殖细胞在叶片尖端形成）。相比其他海藻，翅藻早已习惯了海浪的不断撞击。站在安全落脚点的外缘，我们可以看到翅藻黑色的叶片像丝带一样在海水中翻卷，被海水撕扯、击打。个头更大、年龄更老的翅藻，磨损和破裂的程度更厉害，叶片边缘已经开了叉，叶脉的尖端被磨平。损伤的叶片，替固着器分担了一部分海水拉力。虽然叶柄能承受极大的拉力，但还是扛不住狂风巨浪的肆虐。

再往水下前进，人们有时会在一些地方窥见黑暗而神秘的海带森林，林带一直延伸到深水区。这些巨型海带偶尔会在暴风雨后滞留在海岸。海带有坚韧、强壮的带状叶片从根柄处伸展出来。阔叶巨藻俗称“糖海带”，叶柄长达四英尺，支撑起六到十八英寸宽的狭长叶片，向水面延伸达三十英尺。糖海带的叶片边缘呈褶皱状，晒干后，叶面布满白色粉末状物质，即一种叫“甘露醇”的糖类。长柄海带（或称“长股褐藻”）的柄有六至十二英尺，堪比一棵小树的树干，叶片有三英尺宽、二十英尺长，叶片有时比叶柄还要短。

阔叶巨藻和长柄海带生活在大西洋中，而在太平洋也能发现一块水下丛林。在那里，海带像一根根巨大的树木，从洋底伸向海面，高达一百五十英尺。

在所有的岩石海岸，这块位于低潮线下、长满海带的区域是大海中最鲜为人知的区域。一年到头，究竟有哪些生物活跃于此，人们不得而知。冬季来临时，是否会有生物从潮间带消失，往下移动，搬到这里来？有些我们以为已经在某个特定区域灭绝的物种，其实是因为温度变化，举家迁移到了海带区域中。巨浪滔天，让这里难以展开科学研究。不过，与英国生物学家J. A. 基钦一道，潜水员们探索了苏格兰西部的一处海岸。在翅藻和马尾海带下方，低潮线以下两英寻①的地方，潜水员们穿过一片茂密的大海带森林。从垂直叶柄伸出的巨大叶状树冠在他们头顶伸展。水面上阳光灿烂，潜水员们却几乎置身于黑夜，艰难地穿行在这片密林。在大潮低潮

① 1 英寻 =6 英尺 =1.8288 米。

线下约三到六英寻的范围，海带森林变得开阔，潜水员们在其中畅行无阻，这里的光线也更强，透过迷蒙的水面，可以看到更开阔的“花园”自海底斜坡往更深处延伸。海带的固着器和叶柄，犹如陆地上森林的树根和树干，形成一片由各种红藻组成的密密的灌木丛。林木下通常有啮齿类动物活动，筑窝、挖地道，而在海藻的固着器之间，也有丰富多样的生物出没。

在波浪较为和缓的水域，由于没有了从外海袭来的巨浪，海藻成为海岸的主宰。潮起潮落，海藻趁势侵占了每一寸空间，长得枝繁叶茂，迫使海岸上的其他居民不得不改变生活方式。

不管是开阔海岸，还是隐蔽海岸，潮汐线之间的生物都差不多，但高潮线和低潮线的景观，在上述两种海岸存在很大的差别。

高潮线以上变化甚微，但在海湾与河口地区的海岸，微古植物将岩石染黑，地衣从海岸蔓延下来，试探性地向大海挺进。在大潮的高水位线下，充当排头兵的藤壶偶尔会在其占领的开阔海岸留下一些白色的条纹。滨螺在高处岩石上觅食。而在隐蔽海岸，被半月潮所标记的地带全都被摇曳的水下森林占据，这里对海浪和潮汐异常敏感。构成森林的树木是被称作“岩藻”或“漂积海藻”的大型海藻，外形粗壮、质地强韧。在这里，其他的生物都躲在海藻庇护所里，特别是那些容易受到热空气、暴雨、巨浪和潮汐伤害的小生灵们。难怪隐蔽海岸上的物种丰富异常。

被高潮没过时，岩藻起伏、摇摆，海水似乎赋予了岩藻生命。站在涨起来的潮水边缘，判断海藻存在的唯一标志是靠近海岸的海水中散乱分布的暗黑色的斑块，那是海藻的叶尖触到了海面。在浮动的海藻尖端下方有小鱼游来游去，像鸟儿飞过森林一样在海藻间穿梭。海螺沿着叶片往上爬，螃蟹则从这根海藻爬到另一根海藻。

这是一片奇幻森林，像作家刘易斯·卡罗尔笔下爱丽丝漫游的奇境。试问还有哪里的丛林，会在二十四小时内有两次机会渐渐沉入水中，俯卧在地几个小时，只为迎接再一次勃发？没错，岩藻丛林就能做到。当潮水从倾斜的岩石上回落，将缩小版的海洋留在潮池，湿润、柔韧的岩藻叶片会一层层地平铺在水面。它们从陡峭的岩壁垂下厚重的帘幕，将海水的湿润保存下来，使其庇护的物种免受脱水之苦。

白天，阳光透过岩藻丛林，照到海底，投下移动的金色斑点。夜里，月光在岩藻林上方洒下银辉，潮水涌动，浮光跳跃。水下，岩藻的暗色叶片在永不宁静的世界里舞动，宛如一道道魅影。

但时间在这片水下森林的流逝，并非以白昼与黑夜的交替来标记，而是靠潮汐的涨落。生活在里面的生物，受制于潮水的高低。不是黄昏或黎明，而是潮起潮落改变着它们的世界。

潮水退去，海藻的叶尖由于没有了支持，漂浮在海水表面。随后，云影暗淡，苍茫的黑夜降临到森林的地面。随着表层水逐渐减少，海藻警觉地感受着潮汐的每一次脉动，渐渐地靠近岩石地面，最终匍匐在地。生命和运动暂时中止。

白天，陆地上的丛林会享受一段安宁，掠食者在窝中休憩，让小动物和行动缓慢的动物能有机会喘息片刻。同样，每次潮汐退去，海岸上也出现一阵闲暇时光。

藤壶收起渔网，摇晃着关上双扇门，将干燥的空气排除在外，保持住海水的湿气。贻贝和蛤蜊撤回它们的摄食管或虹吸管，闭上它们的壳。偶尔能看到一枚海星，它随着上一波海潮侵入海藻森林，此刻正无所顾忌地四处闲逛，拿弯曲的胳膊勾着一只贻贝，用纤细的管状足末端的吸盘紧紧贴住贻贝的外壳。几只螃蟹在海藻水平的叶片下穿梭，像一个人试图在暴风雨中艰难地钻过倒伏的树木。螃蟹精神头十足地挥舞着蟹钳，挖着倾斜的小凹槽，把埋在泥巴里的蛤蜊挖出来，然后用大钳子将蛤蜊壳敲碎，再用爬行足的尖端掏出蛤蜊肉。

还有一些捕食者和食腐动物会从滩涂上过来。比如一种灰色外壳、生活在潮池的亚跳虫，就从高海岸带下来，在岩石地徘徊，以裂开口的贻贝、死鱼或海鸥吃剩的螃蟹碎片为食。乌鸦在海藻间走来走去，梳理着一簇簇海藻，直到发现藏于其间或附着在海藻密蔽的岩石上的滨螺。然后，乌鸦会用一只脚将贝壳抓起，熟练地将其敲碎，取出其中的螺肉。

一开始，回潮的速度很慢。在六小时内，潮水缓慢涨到高潮线，而在最初的两小时，潮水只覆盖了潮间带的四分之一。随后，潮水上涨的速度加快，接下来的两个小时，水流变得更有力，上涨速度是之前的两倍。接着，潮汐再次放缓上涨的步伐，慢悠悠地没过高海岸带。岩藻覆盖了潮间带中段，相比上层裸露的海岸，这里受到的海浪冲击更为猛烈，但缓冲效果也很明显。对依附于岩藻或岩藻所覆盖的岩石上的动物来说，海浪对它们所造成的影响，远远低于那些生活在高海岸带岩石或者低于该区域的动物们。当潮汐越过海岸中间带，快速向前推进时，会产生碎浪，而海浪回流时产生的强大拖拽力，则会对岩藻带以下区域造成很大的破坏。

黑暗给陆地丛林带来生机与活力，但岩藻林的夜晚正是涨潮时分。海水从大片海藻下涌上来，惊醒了这片森林的所有居民，打扰了它们在低潮时的平静生活。

随着外海的潮水逐渐吞没岩藻林所覆盖的地面，阴影再次掠过象牙色的藤壶锥体群落。海藻撒下肉眼几乎看不到的网，捕捞潮水送来的食物。蛤蜊和贻贝微微张开壳，水面上出现小小的涡流，像漏斗一样，汇聚到贝壳类动物复杂的过滤装置内。所有吸入的海洋植物微粒，都成为它们的食物。

沙蚕从泥土里钻出来，游到其他狩猎区。要到达目的地，它们必须首先躲开随着潮汐而来的鱼群，因为潮水涌入时，岩藻森林、大海和饥肠辘辘的掠食者们会融为一体。

小虾在林间空隙进进出出，寻找着小型甲壳类、鱼苗或小型环节虫，而它们自己又成为鱼群追逐的目标。海星从海岸低处的大片海苔藓草甸中向上游动，捕猎生长在林地上的贻贝。

乌鸦和海鸥被赶出了滩涂。一种小小的、披着天鹅绒般灰色外衣的昆虫游到岸边，找到一处安全的岩石缝，将自己包裹在闪闪发光的空气毯内，等待潮水退去。

创造了这片潮间带森林的岩藻，是地球上远古植物的后裔。和下层海岸巨大的海带一样，岩藻也属于褐藻，体内的叶绿素为其他色素所掩盖。褐藻的希腊语名称叫“phaeophyceae”，意思是“昏暗的海藻”。根据一些理论，早在地球还被厚重的阴云笼罩、光线还十分微弱时，这种藻类就已经出现了。即便在今天，褐藻依然生长在阴暗的地方，比如深海倾斜的海床，那里有巨型海带形成的阴暗丛林和深色的岩架，其间海带丛生，缎带一般的叶片随波荡漾。生长在北部海岸潮带的岩藻也是如此，经常被阴云和浓雾光顾。有深水充当保护伞，它们偶尔也会入侵到阳光明媚的热带海域。

褐藻可能是占领海岸的第一批海洋植物。从远古时期，它们就学会了调节自身，适应时而被巨浪淹没，时而暴露于空气中的海岸生活。它们尽可能选择靠近陆地的地方生长，却从未远离潮间带。

欧洲海岸的沟鹿角菜是一种现代岩藻，生长在潮淹区最上方的边缘。在某些地方，偶尔被溅起的飞沫润湿，是它们与大海的唯一接触。暴露在阳光和空气中时，它们的叶子会变黑、变脆，像死了一样，但潮水归来后，它们立刻恢复往日的生机。

美国大西洋沿岸不生长这种沟鹿角菜，但有一种近缘的植物，叫螺旋墨角藻，生长在海岸远端。螺旋墨角藻长势缓慢，其短而粗壮的叶状体末端肿胀、质地粗糙。在小潮的高水位线处，螺旋墨角藻长得最繁茂，因此在所有岩藻中，它是最接近大海或最接近裸露岩壁水位线的一种藻类。尽管它们一生中有近四分之三的时间都与海水无缘，却是货真价实的海藻。高海岸带上橙棕色的斑块，标示出螺旋墨角藻的分布图，也标示出海水的入口。

然而，这些植物不过是潮间带森林的外围，构成潮间带森林的主要是另外两类海藻——泡叶藻和墨角藻，它们对海浪冲击力异常敏感。泡叶藻只在不受海浪侵袭的海岸才能生长，并占据统治地位。在海岬背后，以及海湾与潮汐河流的岸上，由于这些地方远离外海，海浪和潮汐的作用削弱了许多，泡叶藻能长到一人多高，但叶片却细长如稻草。在被掩护的水域，涨潮时形成的长浪对海藻的弹性茎叶不会形成太强的拉力。海藻的主茎和叶状体上的肿胀或囊泡中包含由植物释放的氧气和其他气体，海藻被潮水覆盖时，可以充当浮标。墨角藻也有较强的韧性，能承受大浪的拖拽和牵引。墨角藻虽然比泡叶藻短得多，却仍然需要气囊帮助，才能在水中立起来。墨角藻的气囊成对分布在叶脉中段的两侧，如果受到海浪过度的冲击，或者生长在潮间带较低的水平线上，这些气囊就无法正常发育。在某些季节，墨角藻的枝杈末端会膨胀成球茎状，形似心脏，生殖细胞便从这里释放出来。

海藻没有根，只靠其扁平的碟片状组织膨胀后牢牢地吸住岩石，就像是每一株海藻的根部都融化了一点，在岩石上摊开，然后凝固，继而形成一个整体。只有雷霆万钧的暴风雨，或是岸冰的摩擦，才能将海藻从岩石上撕扯下来。海藻不需要像陆地植物一样用根来吸取土壤中的矿物质，因为它们一直浸泡在海水里，能获取所需的所有矿物质。它们也不需要陆地植物那样结实的支撑茎或树干，好往上生长，沐浴在阳光中。海藻只需把自己托付给海水即可。因此，它们结构简单，只从固着器那里分出一个叶状体分支，而没有分成根、茎、叶等不同部分。

望着那些低潮时匍匐在地，像一层层毛毯覆盖了海岸的岩藻林，你也许会猜想，这种植物大概长满了岩石的每一寸表面吧？但事实上，当潮水再次涌来，海藻从恢复生机后，林间相当开阔，处处是空地。我所居住的缅因州海岸上，潮水会漫过一大片潮间带岩石，泡叶藻将暗黑色的毯子铺满小潮高低潮位线之间的地带，每一株植物的固着器附近，裸露的岩石直径有时达到一英尺。植物从这块空地的中央向上生长，叶状体一再分支，上层枝杈向外伸展，方圆足有几平方英尺。

海浪经过时，叶状体的基部摇摆不定，岩石被海洋生物染成鲜艳的深红色和翡翠色。这些生物如此微小，即使数量成千上万，看起来也只是岩石的一小部分，散发出宝石般的光彩。岩石上的绿色斑块其实是一种绿色藻类。单个的绿藻小到只有用高倍放大镜才能看清——就像是一片草叶淹没在一块青青草地，单个的绿藻也消失在绵延不断的色斑中。绿色当中还点缀有色彩明快的红斑，其成因与矿层密不可分。红斑由一种红色的海藻形成，这种红藻能分泌薄薄的一层石灰质，紧密地附着在岩石外壳。

在鲜明色彩的映衬下，藤壶脱颖而出。清澈的海水像液态玻璃一样涌入这片森林，藤壶的卷须进进出出——伸出、抓握、缩回，从涌进来的潮水中摄取我们肉眼看不见的微小生命粒子。在被波浪环绕的小块岩石底部，贻贝像锚一样倒插，由自身组织所编成的闪亮丝线固定着，成对的蓝色外壳微微张开，从中露出淡褐色的组织，边缘还饰有沟纹。

森林中有些地方变得不那么空旷。岩藻林的主体是由爱尔兰苔藓的扁平叶状体构成的矮草皮或灌木丛，有时增加另一种质地如土耳其浴巾的深色植物。热带丛林一般会有兰花，这片森林也不例外，有生长在泡叶藻叶状体上的红色海藻。多管藻似乎失去了依附岩石的能力，在其分支精巧的叶状体上，暗红色的孢子紧贴着海藻，依靠后者将其送入海中。

在岩石和松散的卵石之间，有一种介于沙和泥之间的物质，由微小的、被海水打磨过的海洋生物遗骸碎片构成，比如软体动物的壳、海胆的刺、海螺的口盖等。蛤类就生活在这种软绵绵的物质里，不停地向下挖，直到虹吸管的顶端也被埋上。蛤类周围的泥地里还生活着纽虫，细如丝线，颜色鲜红，每一只纽虫都是一名小猎手，搜寻着毛足虫和其他猎物。这里也生活着沙蚕，由于它们优雅的外形和彩虹般的美丽色彩，被赋予了海仙女“涅瑞伊得斯”的拉丁语称谓。沙蚕是活跃的捕食者，夜幕降临，它们会离开巢穴去寻找小虫、甲壳动物或者其他猎物。幽暗的月光下，某些物种会大量聚集在水面上产卵。有许多奇怪传说与它们有关。在新英格兰地区，沙蚕幼虫经常躲在空贝壳中，渔民们误以为捕捞的沙蚕幼虫是公蛤。

拇指大小、生活在海藻中的海蟹经常下到这块区域来捕猎。它们是青蟹的幼体，成年青蟹生活在潮汐线以下的海岸，只在蜕壳时才爬回海藻林中。小海蟹们在泥窝里搜寻，刨出一个个小坑，寻找与自己个头差不多的蛤类。

蛤类、蟹类和蠕虫是关系密切的近邻。蟹类和蠕虫相当于猛兽，属于活跃的捕食者，而蛤蜊、贻贝和藤壶则以浮游生物为食，过着守株待免的生活，因为每次涨潮，海水都会把食物送到它们嘴边。托自然界的恩赐，以浮游生物为食的群体，数量远远超过它们的捕食者。岩藻除了为蛤类和其他大型物种，还为成千上万的小生命提供了庇护所，每一个都有结构不同的过滤装置，兢兢业业地过滤每次潮汐带来的浮游生物。例如有一种叫“螺旋虫”的小羽虫，初次见到它的人，肯定觉得它不像蠕虫，而是海螺，因为它造隧道的本领高超，还学会一些化学技术，围绕自己的身体分泌并形成一种钙质外壳。这根管子和大头针的针头粗细差不多，形成一个扁平的、紧紧盘曲起来的垩白色螺旋，很容易让人联想到陆生海螺。这种蠕虫永久居住在管道里，附着在海藻或岩石上，偶尔把脑袋从管中探出来，通过触手顶端的细丝过滤水中可以食用的东西。这些精致细腻、薄膜般的触手不仅充当缠住猎物的圈套，也具备鳃的呼吸功能。其中包含一个“高脚杯”状的结构，蠕虫缩回管道里时，这个“高脚杯”或者鳃盖就会关闭，如同一道嵌合紧密的活板门。

管状蠕虫已经在潮间带生活了数百万年，这说明它们能敏锐地调整自身的生活方式，一方面适应周围的海藻世界，另一方面适应地球、月亮和太阳相互作用而形成的潮汐规律。

管道的最里层是由小珠子攒成的珠串，包裹在囊膜中，或直接暴露在外。每条珠串大约有二十个小珠子，它们是正在发育的卵。等胚胎发育成幼虫后，囊膜就会破裂，将幼虫释放到海中。通过将胚胎保留在母体内部的小管道里，螺旋虫可以最大限度地保护其幼体不受天敌侵袭，并保证幼虫游出管道、独立生活时，正好在潮间带找到住处。这段在水中畅游的旅程很短暂，仅有一个小时左右，恰好是一次涨潮或一次退潮的时间。这些又矮又壮、身体结实的小家伙，有鲜红色的眼点，帮助幼虫选择定居的地方。等安顿下来，色彩便迅速褪去。

在实验室的显微镜下，我看到螺旋虫的幼虫忙碌地四处游动，刚毛嗖嗖地撩动，时而下降，拿脑袋撞击玻璃器皿的底部。这些螺旋虫的幼虫为什么选择与它们的祖先住在同一个地方？它们是如何安顿的呢？显然，它们一次又一次地尝试，相比粗糙的质地，它们更青睐光滑的岩石表面，而且喜欢群居，所以家族越来越壮大，渐渐划出了自己的势力范围。它们还有一种反应模式，不是对周围熟悉的环境，而是对宇宙的力量做出反应。每隔两周，四分之一月相时，一批受精卵被置于育雏室中，开始发育。与此同时，两周前开始孵化的幼虫则被排入海里。通过这种与月相同步的精确时间设定，幼虫总是在小潮时被释放出去，此时，涨潮和落潮的幅度不会太大，所以对于小小的螺旋虫幼虫来说，留在岩藻区的机会也大了不少。

涨潮时，玉黍螺部落的成员们栖息在海藻的上部枝丫，退潮时，则躲在海藻下面。玉黍螺外壳圆滑、上端扁平，呈现出橙色、黄色和橄榄绿色，像是岩藻的子实体。这种相似性，也许起到了保护作用。和粗玉黍螺不同，厚壳玉黍螺仍然是一种海洋动物。退潮后，海藻的叶状体滴下的水滴可以为海螺提供所需要的潮湿环境。厚壳玉黍螺很少像它们的亲戚一样以岩石表层的生物膜为食，而是吃海藻的表皮细胞。至于产卵的习惯，厚壳玉黍螺也是一种典型的依赖岩藻的生物。它们不会将卵产在海水里，也不会有随海水漂流的幼虫阶段。厚壳玉黍螺的一生都与岩藻分不开，因为它们不知道还有什么别的去处。

我很好奇，这种数量庞大的螺类幼年时会长什么样，所以夏季退潮时，我喜欢跑到自己住处附近的岩藻林去，翻检匍匐在地的泡叶藻，或者顺着海藻长长的茎干，一路寻找关注的对象，偶尔也收获颇丰，比如能发现一些紧紧依附在叶状体上、如硬果冻般透明的块状物质，平均有四分之一英寸长，宽度约为长度的一半。每个小块里都可以看到卵，圆圆的，像一枚枚气泡，几十个紧密地排列在基质中。我把一块卵块放到显微镜下，仔细观察，每个卵膜中都有一颗正在发育的胚胎。显然，它们属于软体动物，但单从幼虫的外形，我无法分辨出里面到底是哪一类软体动物。在家乡冰冷的海水中，它们从卵到孵化，大约会经历一个月的时间，但在温暖的实验室条件下，剩余的孵化时长减少到以小时计算。第二天，每个球状体中都包含了一只小小的玉黍螺，外壳已经完全成形，显然已经为在岩石上生活做好了准备。我很想知道，当海藻在潮水中摇摆不定，或者时不时有暴风雨袭来，巨浪撞击海岸的时候，它们是怎样将身体固定在岩石上的呢？这个夏天晚些的时候，我总算找到部分答案。我注意到，许多海藻的气囊上都有微小的穿孔，像是被动物嚼过或刺破了一样。我小心翼翼地撕开一些囊泡，好看个究竟。在绿色的小房子中，玉黍螺的幼体安安稳稳地藏在那里，大约二到六个小玉黍螺共用一个囊泡，这里是它们躲避风暴和敌人的庇护所。

在小潮的低水位下，棒状水螅虫如天鹅绒的补丁，铺满泡叶藻和墨角藻的叶状体。就像是植物从根部长出来，每一个管状的群簇都从它们的附着点高高耸立，样子像一丛丛柔弱的粉色、玫瑰色鲜花。花瓣般的触手在水中摇曳生姿，似乎有一阵微风拂过，花朵纷纷点头。水螅的触手摆来摆去，目的是借此在海水中获得食物。从这个意义上说，水螅是一种贪婪的丛林野兽，所有的触角上都布满刺细胞，像一根根毒箭刺入受害者体内。它们不断地运动，当触角触碰到某个小小的甲壳类动物、蠕虫或某种海洋动物的幼虫时，就会迅速释放出一阵“毒箭雨”，令猎物麻痹瘫痪，然后用触手将其抓住，送入口中。

每一个建在泡叶藻上的部落，都源于曾经定居在此、游来游去的小幼虫，它们靠毛茸茸的纤毛游泳，将自己的身体附着固定，然后渐渐伸展，长成一株小型植物的样子，并在其活动端形成一个触手冠。管状生物的基部会及时长出像根或匍匐茎一样的东西，攀爬到岩藻上，生出新管，每一根都有嘴和触手冠。换言之，在这个部落，所有的个体都来自同一枚受精卵，由这枚受精卵孵化出第一只流浪的幼虫。

繁殖季节到了，植物一样的水螅必须繁衍后代。奇怪的是，它们自身无法产生生殖细胞，只能以出芽的形式进行无性繁殖，因此会产生一种奇特的世代交替现象。水螅属于腔肠动物类，许多个体产生的后代不像自己，而更像其祖父母那一代。在棒状水螅个体的触手下方，新芽长了出来，完成了水螅群的世代交替。它们悬垂在水中，像一颗颗浆果。某些水螅的芽体会从母体上脱落，顺水漂走，变成像微型水母一样纤巧的钟形小东西。棒状水螅不会让其芽体脱落，而是连接在母体上。粉红色的芽体是雄性，紫色的则是雌性。发育成熟后，它们会将卵或精子排入海里。受精后的卵子开始分裂，并发育产生微小的幼虫原浆线。幼虫游过未知的水域，去远方建立新领地。

盛夏时节，潮汐会带来乳白色、圆滚滚的海月水母。它们的样子很虚弱，而且这种状况会一直持续到生命的终结。最轻柔的水流，也能把水母的身体撕开，于是当潮水裹挟着它们越过岩藻林又退去时，它们便像皱巴巴的玻璃纸一样留在了海滩上。海月水母很少能熬过潮汐的间隔期。

每年水母都来，有时一次只来几只，有时却游来一群。水母悄无声息地向岸边漂流，不过，岸边的海鸟对它们并没有多大兴趣，因为它们的身体组织以水为主。

夏天的大部分时间里，海月水母都在近海漂流，水中闪烁着一道道白光。有时候，成百上千只海月水母聚集在两股洋流的交汇处，沿着海水中某些看不见的边界，聚成一道蜿蜒的曲线。秋天来临，水母的生命也将接近终点。水母对潮汐没有一点抵抗力，几乎每次涨潮，都会被海水冲到岸上。在这个季节，成体携带着发育中的幼虫，把它们藏在水母圆盘下的组织皮瓣中。幼小的水母呈梨形，当它们脱离母体，或者被搁浅在岸上的母体释放时，会在浅水中游弋，偶尔三五成群地聚在一起。最后，幼年水母会游向海底，并附着在海洋底部，为它们的游泳生涯画上句号。它们像一株株小小的植物，茁壮生长，大约长到十八英寸长时，就会长出长长的触手。柔弱的海月水母便以这种奇异的幼虫形态挺过冬天的风暴。随后，它们的身体开始收缩，看起来像一堆飞碟。等春天到来时，这些“飞碟”开始一个个释放自己，游向远方，每一只小水母都完成了世代的更替。每年七月，在科德角北部，这些幼年水母渐渐长大，长到六至十英寸。它们会在七月底或八月成熟，并开始产生卵子或精子细胞，到八九月份时，开始生出幼体，孕育下一代。等到十月底，在这个季节，所有的水母都已经被风暴撕碎，但它们的后代却活了下来，附着在低潮线附近的岩石上，或者附着在近海海底。

因为海月水母很少会远离海岸超过几英里，所以常常被视作近海水域的标志，但巨大的红水母，或称“霞水母”，则是另一种情况。霞水母会定期跑去连接绿色的浅水域和明亮外海的海湾和港口。在距离海岸一百多英里的渔场，人们能见到数量众多的霞水母懒懒地漂浮在水面，触手有时会伸出五十多英尺。霞水母的触手很危险，几乎所有的海洋生物，甚至人类，都会对这些强大的毒针心存忌惮。不过，幼年鳕鱼、黑线鳕或者其他鱼类会把霞水母当作“护士”，仗着有这种大型生物撑腰，在危机四伏的海洋里遨游，却不会被水母荨麻般的触手蜇伤。

和海月水母一样，红色的霞水母也只在夏季出现在海洋里。对它们而言，秋天的暴风雨意味着生命的尽头。霞水母的后代像是植物越冬时撒下的种子，每一个细节都在新生命的身上体现无疑。在不到两百英尺深的海底，一缕缕半英寸长的小生命，便是巨大的红色霞水母的后代。它们能熬过体型较大的夏季水母无法忍受的严寒和风暴，当春天的温暖开始驱散冬季的冰冷海水，它们会以出芽的方式生出光盘形状的小水母。在魔法的作用下，仅仅用了一个季节，小水母便出落为成年水母了。

当潮水降到岩藻区域之下，岸边的海浪不断冲刷贻贝的聚集地。在潮间带的下层地段，蓝黑色的贝壳在岩石上铺了一张有生命的毯子。贻贝将岩石覆盖得如此紧密，纹理和成分如此均匀，让人几乎看不出岩石原本的样子，而是活生生的动物。在某一处，贝壳的数量多到难以想象，长度却没有超过四分之一英寸，而在另一处，贻贝的个头则是这里的几倍。但它们总是比邻而居，密密麻麻地挤在一起，因此很难看清贻贝的个体是如何将壳张开，获取海水带来的食物的。每一尺、每一寸的空间，都被某种生物占据，它能否生存取决于能否在岩石海岸上占据一处立足点。

在拥挤的集体中，每只贻贝的存在，都是无意识努力的结果，都是强烈生存意愿的表现。这些柔弱而透明的幼体，在海上随波逐流，寻找家园，要么定居下来，要么迎接死亡。

这种漂流与天文现象有关。沿着美国大西洋海岸，贻贝的产卵季节被延长了，从四月一直持续到九月。我们尚不清楚是什么在某个特定时段引发了一波产卵潮，但很显然，一些产卵的贻贝向水中释放了某种化学物质，而这种物质对该区域所有成熟的个体都产生了影响，使它们将自己的卵或精子释放到海中。雌贻贝持续不断地排出成百上千、成千上万的短棒状的卵细胞，每一个都有可能发育成一只成熟的贻贝。体型较大的雌性贻贝一次能释放出多达两千五百万个卵细胞。在平静的水域，卵细胞会轻轻沉到海底，但在有浪或有急速海流的水域，卵细胞会立刻被海水卷走。

伴随卵子的释放，精子也释放到海水中，海水变得浑浊。精子的数量多到无法计算。几十个精子围绕着一个卵细胞，挤压着，寻找着入口，但只有一个精子能够成功。第一个精子进入后，卵细胞的外膜瞬时发生物理变化，从这一刻起，其他的精子无法再进入卵细胞。

精卵细胞核融合后，受精卵迅速分裂。在涨潮和落潮的间歇，受精卵已转变为一颗由细胞构成的小球，用发光的毛发或纤毛推动自己在水中前行。大约在二十四小时内，受精卵变成一种奇怪的陀螺形态，这在软体动物和环节动物的幼体中很常见。几天后，受精卵会变得扁平、纤长，凭借被称为“缘膜”的薄膜快速地游动，爬过坚硬的固体表面，试探着接触陌生的物体。受精卵穿越海洋的旅程并不孤单，因为要形成面积一平方米的成年贻贝群，得要多达十七万个幼体才行。

薄薄的幼体外壳刚刚形成，便很快被另一种贻贝成体中常见的双瓣外壳所取代。此时，缘膜已经瓦解，而外套膜、足和其他成体器官已经开始发育。

从初夏时节，这些小小的贝壳类动物就生活在岸边的海藻里。我带回实验室的每一片海藻，在显微镜下都能发现有贝壳在爬行，用一根长得如象鼻子一样，叫“足”的管状器官探索周边的世界。幼贝用“足”来试探路上遇到的陌生物体，爬过水平或陡峭的岩石，穿越海藻，甚至在平静的水面下潜行。但是很快，“足”开始承担一项新功能：协助织出坚韧的足丝，抛下锚，将贻贝固定在某个坚实的支撑点上，防止贻贝被海浪冲走。

生活在低潮带的贻贝群，证明这样的环境已经连续不断、无数次地完成了繁衍的任务。然而，对于每一只趴在岩石上的贻贝来说，它们的背后，肯定有数以百万计的幼体没能存活。这个系统处于一种微妙的平衡。除非发生灾难，大自然的毁灭力量既不高，也不会低，刚刚好。在比人类还要漫长的时光里，甚至比最近的地质时期还要遥远的时期里，海岸上的贻贝总数说不定一直保持不变。

在低水位区域，贻贝与一种叫杉藻的红色海藻关系密切。杉藻是一种低矮的植物，生长茂盛，有柔软的质地。植物和贻贝形成一块坚韧的垫子。幼小的贻贝在这种植物附近大量生长，遮盖了附着在岩石上的基座。海藻的茎干和大大小小的枝丫摇曳生姿，但人的肉眼却必须借助显微镜，才能看清上面微小的生命体。

一些螺类的外壳带有鲜艳的色彩和深刻的纹路，它们沿着叶子爬行，寻找微小的植物颗粒。许多海藻茎干的基部长有厚厚一层叫“膜孔苔虫”的苔藓虫。每一个隔开的小房间里，都有寄居的生物把头顶的触角探出来。另外一种粗壮的苔藓虫是织虫，也利用红藻的断茎和残株，以及自身合成的物质，形成一根粗细与铅笔差不多的茎干。粗糙的刚毛从垫子上伸出，粘满了外来的物质。跟蝇藻一样，织虫也住在成百上千的、彼此相邻的舱室里。透过显微镜的镜头，我看见一个矮墩墩的小家伙慢慢地钻出舱室，像雨伞一样撑开，露出薄膜般的触手冠。身材细长的虫子爬过苔藓虫，像蛇一般游走在残株间。一只小型甲壳类动物，红宝石色的眼睛闪闪发光，笨拙地在自己的领地跑来跑去，惊扰了周围的其他居民。稍微被这只毛躁的甲壳动物触碰一下，虫子们就会迅速将触须缩回去，躲进隔室里。

在红藻林的上层，有许多巢穴或管道被一种叫藻云虾的端足类甲壳动物所占据。这些小东西外表看起来像是穿着一件淡黄色的毛线衫，上面点缀着明亮的棕红色斑点。山羊一般的脸上长着两只突出的眼睛和一对角状触须。它们的洞穴像鸟巢一样建得精致结实，而且更经久耐用，因为这些端足类动物不擅长游泳，一般不离开巢穴。它们躺在自己舒适的小气囊里，通常只把头和身体的上部露出来。路过海藻家园的水流带来细小的植物碎片，帮助它们解决了生计问题。

一年中的大部分时间，藻云虾都过着单身生活，每个巢穴中住了一只虾。初夏时节，雄性藻云虾开始向雌虾示好（雌虾的数量大大超过雄虾），并在雌性藻云虾的巢穴里进行交配。随着幼体的发育，母亲会把它们放在腹部的育儿袋中。当雌性藻云虾带着它的幼崽时，它的整个身体都暴露在巢穴外，不停地扇动水流，让水流通过育儿袋。

藻云虾从卵到胚胎、再到幼体的整个过程中，母亲会一直悉心照顾，直到幼虾的身体发育完全，能去海藻上谋生，能用植物纤维和身体分泌出的神秘丝线建造自己的巢穴，能捕食，能抵御天敌。

孩子们准备好独立生活后，母亲就会迫不及待地将它们赶出巢穴，用爪子和触角把它们推到边缘，把它们驱逐出去。孩子们则执拗地用带着钩子和刺毛的爪子抓住自己熟悉的巢穴墙壁和大门。即使被赶出家门，它们也多半在附近徘徊，等母亲一不小心出现时，就一拥而上，牢牢地黏在母亲身旁，就这样又被带回熟悉而安全的巢穴中，直到母亲再次被逼得不耐烦，下达逐客令。

刚走出育儿袋的藻云虾幼体，就要开始学习独立建造巢穴，并且随着身体的成长，逐渐拓展巢穴。幼体待在巢穴里的时间比成体少，在海藻间爬行也更自如。人们常常看到几个小巢建在一个大的端足类动物巢穴附近，这多半是被狠心的母亲赶出家门的孩子们，仍然喜欢待在离母亲不远的地方。

退潮后，水位落到海藻和贻贝区以下，海水灌入被爱尔兰苔藓形成的红棕色海浪覆盖的宽阔地带。潮水的撤退转瞬即逝，苔藓暴露于空气里的时间十分短暂，保留了一份新鲜，叶片晶晶发亮。湿润、闪耀的光芒表明它刚刚才与海浪亲密接触。也许是因为我们只能在潮水退去后的短暂时刻，才能到此地造访，又或许是由于距离拍打岩石边缘的海浪太近，溅起的泡沫、水花和一声声浪涛总是一再提醒我们，这片低潮区属于大海，我们是不速之客。

在这块长满爱尔兰苔藓的草地上，生物分出层次，一层盖在一层上面。某些生物活在其他生物的里里外外、上上下下。苔藓生长缓慢，枝丫繁多杂乱，让住在其中的生命免遭海浪的直接冲击，并且在退潮后为其保持湿润的环境。造访海岸后的那个夜里，我听见海浪踏过长满苔藓的暗礁，以及退潮的沉重步伐，我很担心那些小海星、海胆、海蛇尾和住在管道里的端足类动物、裸鳃亚目类动物，以及其他幼小而脆弱的苔藓动物群。但我知道，对它们来说，如果要问哪里最安全，那就是这里，在潮间带茂密的丛林里，汹涌的波浪被海藻林驯得服服帖帖。

苔藓覆盖得如此致密，如果不仔细搜寻，你根本不知道苔藓下面藏着什么东西。在这里，生命的种类和数量异常丰富，几乎每一块爱尔兰苔藓都包裹有藻苔虫镶成的白色花边，或者包裹着易碎的小孔苔虫。这层外壳由许许多多肉眼难以分辨的小格子或房间构成，如马赛克一般有规律地排列成行，形成各种图案，表面像是被精雕细琢过。每一个小房间都是一只小型触须生物的家。据保守估计，一块苔藓上可能生活着数千只这样的生物，在一平方英尺见方的岩石表面，大概有几百根类似的茎干，能够为大约一百万只苔藓虫提供生存空间。在缅因州的一处海岸上，微微扫一眼，视野中的动物数量就得以万亿来计数。

但这其中还有更深层的含义。要是苔藓虫的数量如此巨大，那么它们所赖以生存的生物数量一定更庞大。苔藓虫群落相当于一套高效的陷阱或者过滤器，能有效地获取来自海洋的食物。分隔舱一个个渐次打开，一轮花瓣状的细丝从中探出。刹那间，整块领地的表面都活了起来，触手冠摇曳着，就像微风拂过花田。而下一个瞬间，所有的触手又缩回它们的庇护所，领地变成一片铺满石雕的路面。但是，如果“花朵”在石海摇曳，对许多海洋生物来说，则意味着死亡，因为苔藓虫在过滤和捕食球形、椭圆形、新月形的原生动物以及小型海藻，也许还有一些小型甲壳类动物和蠕虫，或者软体动物和海星的幼体。所有这些动物都无形地存在于苔藓丛林中，像天上的星星一样数也数不清。

大型动物的数量较少，但仍然很丰富。海胆的样子像绿色的大苍耳，经常躺在海藻深处，依靠其管足上众多的吸盘将球状的身体牢牢固定在岩石基部。厚壳玉黍螺无处不在，很多动物习惯生活在潮间带的某些区域，玉黍螺却不受影响，以一种奇特的方式，自由自在地生活在苔藓区的上层、中层和下层。退潮后，螺壳点缀在海藻表面，沉甸甸地悬挂在海藻的叶状体上，仿佛一碰就会脱落。

这里有成百上千的小海星。藻类草场似乎是美国北部海岸最主要的海星育幼场所。进入秋季，除了海藻，其他植物所提供的庇护只有四分之一英寸或半英寸大小。海星幼体的身上原本有彩色的图案，成熟后逐渐消失。按照身材比例，这种棘皮动物的管足、刺和表皮比身子大出好几倍，形态和构造却堪称完美。

在植物茎干之间的岩石地面，躺着幼小的海星。它们像模糊的白色斑点，如雪花般大小和精美。海星刚刚经历了从幼体到成体的变化，看起来很新鲜。

也许正是在这些岩石上，这些小生命完成了浮游生命阶段，停下来歇歇脚，将自己牢牢固定住，并在短暂的时间内成为一种固着动物。随后，它们的身体像吹出的玻璃一样，伸出细长的角。海星的角或叶突覆盖着纤毛，方便游泳，还有一些长有吸盘，在幼体寻找到海底的固着点时便可以派上用场。在这个短暂而关键的附着期，幼体的组织彻底重组，如同蝉蛹在茧中发生的变化，幼体形态消失了，取而代之的是五边形的成体形态。我们发现这些新生的海星时，它们已经能熟练地使用管足在岩石上爬行，如果一不小心翻个跟斗，还能很快翻过来。它们甚至可以用海星的方式，去寻找和吞咽食物了。

在每个低潮池都能见到北方海星的踪迹，有时，它们会在潮间带潮湿的苔藓或岩石缝中垂下的水滴中等待潮汐的来临。当潮水退得很低、海面离得很远时，这些海星点缀在藻类上，像是盛开了许多颜色各异的花朵，有粉红色、蓝色、紫色、桃色或米黄色。偶尔也出现一两只灰色或橙色的海星，棘突像白点一样显著地突起。它们的胳膊比北方海星更滚圆、更坚固，其表面坚硬如磐石的圆形吸盘通常呈明亮的橙色，而不是北方海星的淡黄色。这是科德角南部常见的一种海星，只有极少数会散布到较远的北方。还有一种，叫血红海星或者鸡爪海星，栖息在低潮区的岩石上。血红海星不仅能生活在海岸的边缘，而且能栖居在大陆架边缘光亮全无的海底。它们偏爱较低的水温，所以在科德角南部，必须潜入深海，才能过得舒服自在。不同于别的海星，血红海星的繁衍不需要经过浮游的幼体阶段，恰恰相反，它们的卵和幼体都在母体的育儿袋里发育。在这个时期，母体弓起身子，臂弯间形成一个育儿袋。小海星会一直待在母体的育儿袋里，直到发育完全。

北方黄道蟹以海藻有弹性的垫子作为藏身之处，等待潮汐或夜晚到来。我还记得有一处被海藻覆盖的礁石从岩壁上突出，插入海水深处，海带在潮水里翻滚。海平面好不容易降到这个突出的平台之下，但潮水很快又会涌上来，事实上，海平面每一次如玻璃般膨胀时，波涛都会平缓地升到大海边缘，然后又退去。海藻被海水泡胀，像海绵一样老老实实地保持水分。在海藻地毯最深处，我瞥见一抹鲜艳的玫瑰色。起初，我以为那是硬壳珊瑚，但当我拨开海藻的叶子，却被一阵突如其来的动静吓了一跳。一只大螃蟹蹦跶了一下，再次专心地等待。我继续在苔藓深处搜寻，找到了几只这样的螃蟹，它们在短暂的退潮期守株待兔，还让自己躲过了海鸥的搜捕。

这些北方的海蟹之所以如此警惕，与躲避天敌有关，因为海鸥是它们最难对付的敌人。白天，得费好大的劲才能找到螃蟹，它们不是躲在海藻深处，就是钻进了远处悬崖的罅隙，那里安全、阴暗而凉爽，它们在那里轻轻舞动触须，等待潮水再次来临。不过，等到夜幕降临，大螃蟹便占领了海岸。一天晚上，潮水退去后，我走进低潮区，去放生一只我在早潮时抓到的大海星。海星的家位于八月大潮的最低水位线，从哪儿来，就得回哪儿去。我握着一只手电筒，走在湿滑的海草上。这是一个神秘的世界，岩架上铺满海藻，白天所熟悉的那块作为地标的大石头，到了夜里感觉比我的记忆中要大得多，形状在光影中变得凹凸不平，陌生难辨。一路上，被手电筒的光柱照亮的地方，都能看见爬来爬去的螃蟹。它们以海藻覆盖的岩石为家，胆大妄为、恣意横行。到了北方，海蟹的行为似乎变得更怪异、更嚣张，它们把这块熟悉的地方变成了妖精的领地。

在一些地方，海藻并不附着在岩石底层，而是附着在比岩底更下一层的生物身上，即马贻贝群落。这种大型软体动物栖息在厚厚的、鼓起的外壳里，壳子较窄的一端长出粗糙的黄色刚毛，这些是表皮的赘生物。马贻贝为那些无法在被海浪冲刷的岩石上生存的动物群落提供了立足之处。要是没有这种软体动物的出现与活动，许多海洋动物难以安家落户。马贻贝用金色的足丝与岩石底部牢牢结合，无法剥离。这些丝线是细长足上腺体的产物，是靠一种奇特的乳状分泌物“织”成的，一旦接触到海水，立刻凝固。这种丝线融合了韧性、强度、柔软和弹性等多种特性，可以朝任意方向伸出，使贻贝固定在相对稳定的位置。这样不仅能对抗潮水的推力，也能应付回流的拉力，遇上巨浪时，这两股力量最强。

马贻贝在这里生长了多年，泥沙的颗粒在外壳和足丝锚线附近沉淀下来，为生命创造了另外一个环境，一种居住有各种动物的下层植被区域，包括蠕虫、甲壳类动物、棘皮类动物与众多软体动物，当然也包括贻贝幼体。贻贝的幼体小而透明，透过新生的贝壳，甚至能看清它们的身体。

某些动物与马贻贝和谐共处。海蛇尾纤薄的身体巧妙地穿行于马贻贝的足丝之间，用细长的手臂在贝壳下面蜿蜒滑行。海鳞虫也在这里，住在动物群落的较底层，海星住在海鳞虫和海蛇尾之下，海星下面是海胆，海参则在海胆之下。

相比其他地方，居住在这里的棘皮动物体型都不大。马贻贝铺成的毯子成了幼小的、处于成长阶段的动物们的庇护所，而海星和海胆的成体却很少住在那里。在无水的低潮期，海参将身体缩成一个几乎不足一英寸长的椭圆形球，等潮水再次涌来，它们的身体完全舒展后，又会变成五到六英寸长，并且探出头顶的触角。海参以岩石碎屑为食，它们柔软的触角在附近的泥质碎屑中搜寻食物，触角周期性地向后伸到嘴里，如同孩子在舔自己的手指。

深埋在贻贝层下苔藓里的，是细长的小型鲇鱼——岩鳗，它们三三两两地盘绕在水量充沛的避难所里，等待潮水的回归。遭遇入侵者时，它们会猛烈地拍水，像鳗鱼一样蠕动，逃之夭夭。

在贻贝城临海的郊区，贻贝数量越来越少，藻毯也变薄了许多，但岩石的底层仍然很少暴露出来。住在高层的绿色面包屑海绵则寻求着石檐和潮池的庇护，在那里，它们似乎能够直接面对海洋的力量，形成浅绿色的柔软厚垫，垫子上布满海绵特有的锥体和坑洞。偶尔会有另外一种颜色的补丁，比如暗玫瑰色或闪烁着缎面光泽的红褐色补丁，出现在稀疏的海藻上，这表明在更底层可能藏有什么东西。

一年中大部分时间，大潮顶多淹没到爱尔兰苔藓区域，就停住脚步，然后再次涨回到陆地上。但在某些月份，由于太阳、月球和地球的位置发生变化，大潮的振幅变大，潮水退得更远，也上涨得更高。秋天的潮汐总是更加猛烈，随着月亮由亏转盈，海浪越过花岗岩光滑的顶端，形成蕾丝状的浪花，拂过岸边的月桂树根。退潮时，太阳和月球形成一股合力，将潮水拉回海里。潮水从礁石撤走时，四月的月光映出黑乎乎的礁石。海底像是涂满了珐琅，露出珊瑚藻的玫瑰色、海胆的绿色和昆布的亮琥珀色。

趁着大潮，我走到海洋世界的入口处。一年中，只有很短时间，陆地的生物有机会来到这里。我探寻黑暗的洞穴，洞里盛开着小海花，成片的海鸡冠忍受着暂时的缺水状况。在这些洞穴里，以及岩石深缝潮湿的黑暗中，我发现自己置身于一个长满海葵的世界。海葵棕色闪亮的柱状身体上，伸出奶油色的触手冠，酷似盛开在潮水线下小池塘里的菊花。

暴露在这样极端的环境中，海葵的外表发生了很大的变化，因为它们似乎连如此短暂的陆地生活都无法适应。高低不平的海底为海葵提供了庇护所，我找到海葵的几处聚居地，数十只海葵挤成一团，半透明的身体紧挨在一起。当海水退去时，附着在水平面的海葵会把身体拉成一个扁平、致密的圆锥体，羽毛般柔软的触手冠也缩回来，藏进身体，让人难以想象此地生长有美丽的海葵。长在垂直岩壁上的海葵则个个倒栽葱，形似奇怪的沙漏，潮水退去后，身体组织变得松软无力。海葵并不缺乏伸缩的能力，因为受到外界刺激时，它们会立刻收缩变短，回到正常的比例。这些被大海抛弃的海葵，说不上有多漂亮，倒是令人感到怪异。它们与那些盛开在海底的海葵没有多少相似性，后者把所有的触手都用在了努力搜寻食物上。当小型水生物靠近这些伸展的海葵触手时，就会遭到致命一击。每只海葵有上千条触手，而每条触手上都嵌着成千上万个棘突。这些棘突相当于触发器，当猎物接近时，作为一种化学触发器，强力地发射飞镖，刺穿猎物，或者缠住猎物，注入毒素。

跟海葵一样，顶针大小的海鸡冠也悬在石壁底部。低潮时，海鸡冠显得绵软无力，毫无被潮水“点染”后的生机和美感。紧接着，管状动物的触手从群落表面无数的小孔中探出，如水螅竭力将身体伸到潮水中，抓住水流送来的每一只小虾、桡足类动物和其他动物的幼虫。

海鸡冠又叫“海手指”，并不像其远亲“石珊瑚”或“造礁珊瑚”那样有分泌石灰质的杯状器官。海鸡冠的领地由石灰质骨针构成，能容纳许多动物在其中生活。骨针虽小，但从地质学的角度来说，却极为重要。在热带珊瑚礁，海鸡冠常常与珊瑚混在一起。随着软组织的死亡和溶解，坚硬的骨针成为微型的建筑石料，构成了珊瑚礁。海鸡冠在印度洋的珊瑚礁和浅滩生长茂盛，品种多样，它们是热带海洋的主要生物。不过也有一些海鸡冠冒险进入极地水域。有一种大型海鸡冠，比成年人还高，像树一样分出枝干，生活在加拿大的新斯科舍省和新英格兰的浅水渔场区域。海鸡冠大多生活在深水区，因为在它们眼中，大部分的潮间带岩石太荒凉，不适宜居住，只有个别低洼处的壁架能短暂地从潮水中探出头，在其阴暗而隐蔽的表面有珊瑚的地盘。

在岩石的接缝和裂缝里，在灌满水的小水坑中，或是在低潮期短暂露出的岩壁上，粉红色心形的水螅群，俗称简螅，形成一个个美丽的花园。在海水覆盖的地方，这些鲜花一样的动物在其长茎的顶端优雅地摇摆，伸出触手去捕捉微小的浮游生物。或许只有在被海水永久淹没的地方，它们才能发育得更完全。我见过水螅占领码头桩、浮标、潜绳和电缆，厚厚地覆盖一层，根本看不出底下是什么材质。它们像成千上万朵花，每一株只有我的小指头尖大小。

在爱尔兰苔藓丛的末端，一种新的海底显露出来。风格的转变略显突兀，仿佛画了一条分界线，苔藓就突然消失了，从棕色的苔藓垫过渡到岩石表面，仅仅一步之遥。除了颜色不对劲外，这种岩石的外表与火山的斜坡一样贫瘠。这当然与我们平时看到的岩石不同。底层岩石的每一个面，无论垂直还是水平，暴露或是隐蔽，都覆盖着一层珊瑚藻，呈现出丰富的暗玫瑰色。两者的关系如此亲密，植物似乎已经变成岩石的一部分。海螺外壳上分布着粉红色的小斑点，所有的岩石洞穴和裂缝都有相同的颜色做内衬，而倾斜着插入碧水中的岩石底部则带有玫瑰色调，一直延伸到视线不能及的深处。

珊瑚藻有非同寻常的魅力。珊瑚藻属于红海藻族群，大多生活在较深的沿海水域，其色素的化学性质不太稳定，所以它们的组织与阳光之间需要一层水体作为隔离的屏障。不过，珊瑚藻承受阳光直射的能力很强，它们能把石灰碳酸盐吸收到组织中，从而变得坚硬。许多珊瑚藻会在岩石、贝壳和其他硬质表面形成硬壳补丁。这层壳薄而光滑，像一件珐琅质的外衣，不过有时也厚而粗糙，由小结节和突起构成。在热带地区，珊瑚藻常常是珊瑚礁的重要组成部分，有助于将珊瑚虫建造的分支结构转变成坚固的珊瑚礁。在东印度洋的滩涂上，不时能见到珊瑚藻的踪迹，见到它们带有色调的外壳。印度洋的许多“珊瑚礁”并没有珊瑚虫，藻类是造礁的最大功臣。在斯匹茨卑尔根群岛海岸附近，遥远北方光线昏暗的水域里生长着巨大的褐藻森林，绵延数英里的钙质海岸都是由珊瑚藻形成的。珊瑚藻不仅生活在热带海域的温暖海水中，也生活在水温极少超过冰点以上的寒冷地区。这种植物遍布从北极到南极的所有海域。

在缅因州的海岸线上，珊瑚藻描绘出一片玫瑰色的岩石带，就像是大潮低水位线的标记，几乎看不到任何的生命迹象。尽管很少有其他生命自由地在这块区域生活，但这里仍然聚集了成千上万的海胆。它们不像在较高处海岸生活的海胆那样躲在岩石缝隙或者岩石底部，而是完全暴露在平坦和缓的岩石表面。几十只海胆聚成一组，躺在被珊瑚覆盖的岩石上，于是，玫瑰色的背景上增添了纯绿色的斑块。我曾经看见成群躺在岩石上的海胆被巨浪冲击，它们用管足将身体牢牢固定住，尽管海浪猛烈，潮水动荡不安，却丝毫没有受到影响。就像生活在潮池或岩藻区的海胆一样，岸边的海胆也擅长将自己隐藏在石缝中和岩底下，以逃避海鸥锐利的目光，既然能在每个退潮期躲过海鸥，海浪的拍打更是小菜一碟。海胆定居在这片珊瑚区，自由自在，被一层带保护作用的海水层覆盖。一年到头，潮水下降到这个水平的次数不超过十二次。在其他时间里，覆盖海胆的海水能有效阻止海鸥把它们叼走。海鸥可以进行水下浅俯冲，却不能像燕鸥一样深潜，所以无法到达超过其身体长度的水深。

许多低潮岩石带上的生命错综复杂地交织在一起，捕食者与猎物，彼此争夺空间与食物的物种联结在一起。在所有的关系中，海洋都发挥着引导与调节作用。

大潮的低水位线上，海胆在寻找躲避海鸥的避难所，但它们自己也是其他动物危险的捕猎者。在那里，它们进入爱尔兰苔藓区，藏在深缝和岩石下，吞食数不清的海螺，甚至攻击藤壶和贻贝。在海岸的某个高度，海胆的数量在很大程度上制约了其猎物的总量。像海胆一样，海星、海螺和厚壳玉黍螺群落的中心也处于近海的深水中，这使那些去潮间带捕食的掠食者们觅食花费的时间长短不一。

贻贝、藤壶和海螺作为被捕食者，想要在被岩藻覆盖的海岸立足，真是难上加难，幸亏它们的忍耐力和适应性都很强，能在潮汐的任何一个水平面生活。然而，在这样的海岸，岩藻已经将它们挤到岸边三分之二以外的区域，只剩一些零星分散的个体。低潮线下都是饥饿的捕食者，而留给它们的狩猎场只剩下小潮低水位线附近的区域。在隐蔽的海岸，聚集了数以百万计的藤壶和贻贝，它们白色和蓝色的外壳布满岩石表面，与厚壳玉黍螺军团胜利会师。

但海洋能起到调节作用，改变这种格局。海螺、海星和海胆是冷水生物。近海的海水幽深而冰冷，从冷水库中涌出的潮流足以让肉食动物的分布范围扩展到潮间带，使猎物的数量大幅减少。但如果有一层温暖的表层水，捕食者就会被限制在较为寒冷的海水深处。它们退回深海时，大批的猎物会紧随其后，并一直下降到大潮低水位的世界。

潮池中蕴藏着神秘的世界，在潮池最深处，蕴含着对海洋之美的微妙暗示和微缩景观。一些潮池占据了岩石缝与罅隙，在潮池临海的一侧，裂缝消失在水中，而朝向陆地的一端，则倾斜向上升到悬崖和岩壁，在水中投下深影。还有一些潮池位于岩石盆地，面海的一侧有高高的边缘，可以防止退潮后潮池里的海水流尽。海藻爬在池壁上，海绵、水螅、海葵、海蛞蝓、贻贝、海星生活在每次只能享受几小时宁静的海水里，而就在潮池外，海浪仍在肆虐。

潮池有许多表情。晚上，池水星星点点，那是水面反射出的浩瀚银河，就好像银河横跨天际，落到了池面。还有随着潮汐从海上来的“活的星星”，磷光矽藻如绿宝石一般闪闪发光，在暗水中游泳的小鱼眼睛发出亮光。鱼儿的身体细得像火柴棍，几乎是垂直游动，将小小的口鼻朝上伸举。栉水母则释放出如月光般难以捉摸的光辉。鱼群和栉水母在岩石盆地的黑暗深处捕食，它们随涨潮而来，又随退潮而去，并非潮池的永久住户。

白天的潮池则是另外一副表情。最美的潮池散落在海岸较远处，它们的美体现在颜色、形状和水中的倒影等方面。我知道一处只有几英尺深的潮池，似乎把整个天空都装了进去，映出遥远的蓝天。潮池被一圈亮绿色环绕，这是一种叫池苔的海草，叶子有点像管子或麦秆。背水的一侧耸立着一人多高的灰色石墙，墙体的缩影也被投射在水中。在水中峭壁倒影的远处和下面，是无边无际的天空。有时候，如果光线刚刚好，蓝色的倒影会一直往外延伸，让人不敢把脚踏入这块看似深不可测的潮池。云朵从头顶飘过，风儿掠过水面，除此之外，再没有别的动静。潮池和周围的岩石、植被以及遥远的天空融为一体。

在附近另一个位置稍高的潮池里，池底长出绿色的管状水草。潮池神奇地把附近的岩石、海水和植物组合成一个奇幻世界。往潮池里看，看到的不是水，而是由小山、峡谷和散落的森林构成的美景。不过，这种幻象与一幅素描风景画不同。当一位技巧娴熟的画家挥动画笔时，他不会把海藻的叶片直观地画成树叶，而是给观者留下足够的想象空间。潮池也像画家一样，创造出让人浮想联翩的画面和效果。

除了几只玉黍螺和稀稀拉拉的琥珀色等足目甲壳动物，在位置较高的潮池里几乎看不到别的动物。由于没有新的海水持续灌入，位于海岸较高处的潮池都环境恶劣。池水温度会随着气温变化而升高许多，大雨使池水变淡，而烈日则让池水更咸。水草的化学活性，让池水在酸性和碱性之间快速变化。在海岸的低洼处，潮池的环境相对稳定，植物和动物存活的概率比在透水的岩石上高很多。潮汐形成的潮池把海岸上生命带的高度往上推了一些，不过，如果缺乏海水，生存同样受到影响。另外，高处潮池里的住户与那些暂时与大海隔开的低处潮池里的住户大不一样。

位置最高的潮池已经不再是大海的一部分，池子收纳雨水，偶尔灌进一点风暴或大潮带来的海水。捕猎的海鸥在海边飞翔，把海胆、螃蟹和蚌丢到岩石上，砸开它们坚硬的外壳，露出壳内的软组织。一些海胆壳、蟹脚和蚌壳会落入潮池，石灰质与水产生反应，使水变成碱性。一种叫“红球藻”的单细胞植物很喜欢这种生长环境，它是微小的球状生命体，人的肉眼几乎分辨不出单个的个体，但它们成千上万地聚在一起后，就会把高处的潮池染红。显然，碱性环境是它们生存所必需的。其他的潮池，由于缺少那些碰巧落入水中的碎壳，长不出这种细小的红色球体。

最小的潮池容量不会大过一只茶杯，但在里面也有生命存在。有一种小型海岸昆虫会聚集在一起，形成薄薄一层斑块，属于亚跳虫，俗称“跳入大海的无翼昆虫”。这些小虫子在平静的水面上活动，能轻松地从一个小水坑跳到另一个小水坑，水面最轻微的波动，也会吓得它们四散奔逃。成百上千的跳虫凑到一块时，水面就会形成薄如树叶的斑块。单个的跳虫和蚊子差不多大小，在放大镜下面，就像是穿了一件灰绿色的天鹅绒外套，表面有许多鬃毛或头发状的突起。当跳虫进入水中，这些短毛会在身体周围形成一层空气薄膜，这样在潮水上涨的时候，就不需要返回上层海岸。跳虫被包裹在亮晶晶的空气毯子里，里面既干燥，又有呼吸所需的空气。跳虫待在岩石缝隙里，等待潮水退去，然后浮出水面，在岩石上穿梭，寻找鱼、蟹以及软体动物或甲壳动物的尸体当食物。身为食腐动物，跳虫是大海生态系统的一部分，有助于维持有机物循环。

我经常发现，在海岸上三分之一高度位置的潮池里布满了棕褐色的绒状薄膜，用手指就能把这些薄膜撕下来。这种像羊皮纸的光滑薄片，其实是一种叫“褐藻”的棕褐色海草，像小块的地衣长在岩石上，有时也在比较宽阔的区域蔓延开来。褐藻能改变潮池的环境，为那些疲于奔命的小生物提供避难所。这些生物体型较小，可以钻到褐藻下面，躲在藻壳与岩石之间黑暗的空隙，从而避开海浪的冲击。看着这些布满海藻的潮池，你也许会觉得这里几乎见不到生命——除了少数玉黍螺，当它们在棕褐色的海藻层表面刮蹭时，外壳会轻轻摇晃。偶尔也能看到几只甲壳类动物，用身体的小突起刺穿海藻层，在海水里搜寻食物。不过，每次我把采集来的褐色海草放到显微镜下观察时，发现里面的生物多种多样，常见的是一些圆柱形的管状物，像针一样细，由烂泥状的东西构成。每一个这样的结构都是一只小蠕虫，身体由十一个小圆环或小节组成，很像跳棋里的十一枚棋子，一个套在另一个上面。蠕虫的头部长有扇形的冠，由很多细小的羽毛状长丝组成，让这种其貌不扬的蠕虫多了几分姿色。这些长丝能吸收氧气，并能从管子里伸出，诱捕小的生物。在褐藻外层的微生物群里，经常能发现猪尾状的小型甲壳类动物，眼睛闪烁着红宝石的光芒。还有一种叫“介虫”的甲壳类动物，生活在扁平的、桃色的壳里，甲壳像一个带盖的箱子，从中可以伸出长长的节肢，捕捉水里的小生物。不过，数量最多的还是在褐藻表层跑来跑去的小蠕虫，比如不同种类的弓形毛脚虫和表面像蛇一样光滑的带状蠕虫，它们动作敏捷，捕猎技术高超。

潮池不需要太大，只要透明度和深度达到一定标准，就能蕴含美景。我记得在低洼地带有一处浅潮池，躺在旁边的岩石上，伸手就能轻松够到池子的另一边。这处小潮池位于潮位线中段，在池水里，我只发现了两种生命。潮池底部铺满了贻贝，贝壳呈现出一种柔和的蓝色，仿佛萦绕在远处山峦的薄雾。贻贝的出现让肉眼产生一种错觉，水池如此清澈，清澈得感觉不到海水的存在，必须凭借手指的触感，才能把空气和凉爽的水面区分开来。水晶般透明的潮池里洒满阳光，光线投入水中，又折射出来，将潮池里精致的水母映得光芒四射。

贻贝为潮池中另外一种生物提供了庇护所。水螅大军的基座在贻贝壳上释放出肉眼看不见的细丝，好像质量上乘的锦缎。水螅属于水螅虫类，每一只水螅以及它们支撑和联结的分支都包在透明的鞘里，就像是树木在冬天裹了一层冰。每个茎基的底部会长出若干分支，分支有两排透明的杯状物，里面居住着小水螅，给人的整体印象美丽而脆弱。当我趴在潮池边，拿放大镜去观察水螅时，它们的模样很清晰，像切割整齐的玻璃——也许每一只水螅都是一盏造型复杂的枝形吊灯。杯子里的小水螅更像是一个小海葵，有管状的身体，周围长有触手。水螅的中央空腔与伸出分支的空腔相连，继而与更粗分支的空腔相连，最后与主干的空腔连起来，由此每一只水螅虫进食，都在为整个水螅群提供养料。

我很好奇，这些水螅到底以什么为食？从水螅庞大的数量推断，无论它们吃什么，其数量肯定比食肉的水螅虫的数量大得多，但是我却什么都看不见。显然，它们的食物非常微小，因为每一只水螅的直径只有丝线粗细，触手则像蜘蛛网的游丝一般。在如水晶般清澈透明的池水中，我的眼睛似乎能看到一些薄雾般的细小微粒，如同透过太阳光线看到的灰尘微粒。就在我想更近距离地观察看清楚一点时，薄雾突然消失了，只留下一池澄澈透明的海水，而我刚才的感觉，似乎只是一种光学错觉。但是我知道，这是因为人类的视觉范围有限，让我无法看清那些微小的生物群，那些我几乎看不见的触手在摸索、寻找和捕捉食物。看不见的生命，反而比能看见的生命更多地占据了我的思绪，到最后，对我来说，那些看不见的生命才是这个潮池里更强大的存在。水螅和贻贝完全依赖潮汐送来的肉眼看不见的养料为生，贻贝被动地过滤水中的浮游植物，水螅则主动地出击和诱捕微小的水蚤、桡足类和蠕虫类水生动物。可要是这里的浮游生物不再如此丰富，或者潮水逐渐干涸，这处潮池就会变成死亡之池，无论是蓝色外壳的贻贝，还是水晶般透明的水螅，都将不复存在。

海岸边有些美丽的潮池，漫不经心的路人往往无缘见到。你必须仔细寻找。它们也许位于低洼的盆地，被巨大的岩石完全遮挡住，也许是躲在突出的岩壁下的幽暗深处，也许藏在厚厚的水草帘子后面，它们的分布没有规律，让人捉摸不透。

我知道有一处隐蔽的潮池，就藏在一个海蚀洞中。低潮时，洞穴里会存有三分之一的海水。潮水再次涌来时，洞中的水位会不断升高，直到完全将洞淹没。不过退潮时，可以从靠近陆地的一侧走到这处洞穴。洞穴的底部、四壁和顶部都由岩石构成。洞里只有很少几个出口，底部朝向大海的一侧有两个，靠近陆地一侧的洞壁高处还有一个。只有趴在崎岖的洞口往里面窥视，才能看见洞穴和下面的水池。洞里并不黑，甚至在天气晴朗的时候，里面还射出冷冷的绿光。柔和的光芒来自太阳光，光线通过潮池底部的开口进入洞中，与水下海绵所发出的暗绿色的生物光相融合，色彩发生了变化。

通过射进光线的同一个入口，鱼群从海中游来，穿过绿色的大厅，又转身回到了广阔的海洋。潮水通过池底的入口涨涨落落，送来肉眼看不见的矿物质，为生活在洞中的动植物提供养料。同时，潮水也带来许多海洋生物的幼体，它们四处漂流，寻找着落脚的地方。有一些在此地定居，另外一些则随着下一波潮水离去。

望着这个被洞壁环绕的小世界，你能感受到洞外更为广阔的海洋世界的韵律。潮池里的水一刻也不停歇，水面不仅随潮水的涨落而变化，也受海浪波动的影响。海浪退向大海时，潮池的水面会迅速下降，但忽然间，海水又涌进来，水沫和水花几乎溅到人的脸上。

海水往外涌出时，你能俯瞰洞底，把浅水中的情况看得一清二楚。洞底大部分地方被绿色的面包屑海绵覆盖着，形成一块厚厚的地毯，编织地毯的是一种细小而坚韧的纤维，边上似乎镶着玻璃般的、两头都是尖尖的硅针，这是海绵的骨针或骨骼支撑物。地毯的绿是纯粹的叶绿素颜色，这种植物色素存在于海藻的细胞中，通过动物宿主的组织散播。海绵紧紧地附在岩石表面，滑溜溜的扁平外形足以证明巨浪的塑形能力。同样的物种，在静水中会长成带有突起的锥体，而在这里，类似的构造很可能会被湍急的水流扯烂撕碎。

绿色的地毯夹杂着其他颜色的色块，包括深芥末黄色，来自一种硫黄海绵。在大部分海水排出洞外的片刻，可以在洞穴最深处瞥见一抹蓝紫色，那是结壳珊瑚藻的颜色。

海绵和珊瑚藻是大潮池里最主要的两种动物。退潮时，潮池里静悄悄的，就连属于掠食性动物的海星也停止了活动，像装饰物一样贴在洞壁，颜色有橘色、玫瑰色，还有紫色。一群大海葵长在洞壁上，淡杏色的身体在绿色海绵的映衬下显得十分鲜艳。今天，所有的海葵都贴在潮池的北墙上，个个纹丝不动。但等到下一次大潮，我再来这里，就能看到其中一些海葵跑到西边的墙上去了，似乎又变得不再动弹。

种种迹象表明，这个海葵群落具有相当规模，而且会继续发展壮大。在洞壁和洞顶有许多海葵的幼体，是由小小的、苍白的、棕色半透明软组织构成的亮晶晶的丘状突起。但海葵真正的育儿所似乎位于朝向洞穴中央的前厅，在那里，不到一英尺的粗糙柱状空间被又高又陡的岩壁封闭起来，成百上千的海葵幼虫附着其间。

洞穴顶部留下了巨浪肆虐过的痕迹。当海浪涌入狭小的密闭空间时，其破坏力会集中向上，冲击洞顶。我趴在一旁的入口，为洞穴分担了一部分海浪的冲击力，从而使洞顶免遭彻底破坏。能生活在洞顶的，都是能经受住巨浪考验的动物，它们拼出一幅黑白分明的镶嵌画，黑色的是贻贝的壳，白色的是依附在贝壳上的锥形藤壶。出于某种原因，尽管藤壶已经熟练掌握了如何扎根于受巨浪侵袭的岩石，却无法在这处洞穴的顶部找到立足点，只有贻贝能做到。我猜这是因为当潮水退去时，贻贝的幼体爬上潮湿的岩石，用它们丝质的纺线牢牢地将自己的身体固定，防止被再次涌来的海水冲走。不断增长的贻贝群落给藤壶幼体提供了比光滑的岩石更为牢靠的立足之处，方便对方将身体黏附在贻贝外壳上。至少在这处潮池，藤壶的生存之道是这样的。

我趴在洞口，往潮池中望去，周围很安静，头一股海浪刚刚退去，下一股海浪尚未来临。我能听见微小的声响，有水珠从洞顶的贻贝，或是从洞壁的海藻上滴落，银色的小水珠消失在广阔的潮池里，消失在潮池令人迷惑的喃喃自语中。潮池从来就没有完全安静过。

当我用手指拨开身下洞壁上方的爱尔兰苔藓的叶片，去寻找掌状红皮藻暗红色的带状叶子时，不由心生感慨：风浪在洞穴狭小密闭的空间里会释放出多么强大的破坏力？而这些精妙纤弱的生物又是如何在这样的环境中生存下来的呢？

一种苔藓虫的薄壳黏附在岩壁上，这种壳由成百上千个微小的细颈瓶状的细胞构成，细胞像玻璃一样轻薄易碎，彼此倚靠，一排排整齐有序地构成首尾相连的外壳。这种苔藓虫外表呈淡杏色，犹如秋霜遇到了阳光，稍一触碰便化为粉末。

一种像蜘蛛一样有细长腿的小动物在苔藓虫的壳上爬来爬去，也许是在寻找食物，其颜色也和苔藓虫一样，是淡杏色的。还有海蜘蛛，它似乎也是一种弱不禁风的动物。

另外一种外表粗糙、直立生长的苔藓虫叫织虫，会从基座中喷射出一种棒状物质。这种石灰浸渍的棒状组织看起来也像玻璃般易碎，数不清的小线虫在一根根棒子间像纺线一样蜿蜒爬行。尚未找到立足之地的贻贝幼体也在这个崭新的世界里摸索探寻。

透过放大镜，我在海藻的叶状体中找到了体型微小的海螺。其中有一只，一看就是刚出生不久的，因为它纯白色的壳上只有一个螺旋，而螺旋的圈数会随着其生长成熟而不断增加。另外一只个头不大，年龄估计也不大，闪闪发亮的琥珀色外壳卷成法国号的样子。就在我观察它的时候，这只小海螺把脑袋探了出来，似乎正用一双针尖大小的黑眼睛打量周围的环境。

最脆弱的要数散布在海藻间的石灰质海绵了。它们由微小的、向上直立的花瓶状管子聚集而成，高度不超过半英寸。每一条海绵的细胞壁都由一道道螺纹组成，像是给仙女编织的蕾丝花边。

我稍微动动手指，就可能会把它们捏碎。海潮袭来时，海水会灌满洞穴，巨浪发出雷鸣般的声响，不过它们还是想方设法在这里住了下来。海藻也许是揭示这一谜题的关键，海藻富有弹性的叶片起到了充分的缓冲作用，帮助这里微小而脆弱的生命活了下来。

海绵赋予了洞穴和潮池时间流动感。夏季最低潮时，我每天都来看看这处潮地，它的样子似乎一成不变，七月份那样，八月份那样，九月份还是那样，今年和去年也一样，或许成百上千个夏天都是如此。

海绵的结构简单，从远古时期第一个海绵出现，就没发生过什么变化。海绵架起了一座永恒的时间桥梁。铺满洞穴底部的绿海绵在这处海岸形成之前就生长在其他的水塘中。在三十亿年前的古生代，当第一批生物出现在海洋时，海绵就已经存在很久了。甚至比第一处化石记录形成还要久，因为人们曾在最早有化石记录的寒武纪岩层找到了海绵的硬质骨针，而其他的生命组织早已经消失不见了。

因此，在那处潮池隐蔽的洞穴里，时光的流逝不过是弹指一挥间。

就在我凝视潮池的时候，一条鱼游了过来，在绿光中投下阴影。它是从潮池靠海一侧洞壁底部的开口进来的。与古老的海绵相比，这条鱼算得上是现代的象征，其祖先的年龄仅仅抵得上海绵的一半。而我，在这两位眼中只是个初来乍到者，我的祖先在地球上出现的时间更短，面对它们，让我有一种时空穿梭的感觉。

我趴在洞口浮想联翩，此时，海潮再次涌起，海水漫过我刚才休息的那块岩石。潮水又涨起来了。

|第四章|

沙滩即景

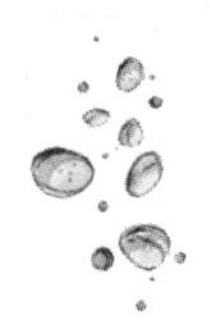

在海边，尤其是那些广阔的、以连绵不断的风积沙丘为边界的沙滩，会让人心生一种思古的悠情，而在新英格兰年轻的岩石海岸，却体会不到这种感觉。从某种意义上，这体现了地球在漫长演变进程中的从容不迫，有无穷无尽的时间可供驱使。在新英格兰地区的海岸，突如其来的海水涌入山谷，巨浪拍打着山脊，淹没了土地。而大海与沙滩的关系，却是经过千百万年才逐渐形成的。

在漫长的地质时期里，海水退去，流经大西洋沿岸的平原地带，悄悄伸向遥远的阿巴拉契亚山脉，停留一段时间，又慢慢退去。有时甚至到达山间盆地。每次远行，都会有物质沉积下来，其中的生物遗骸残留在广袤无垠的平原上。因此，今天海水所处的位置，对地球的历史或者海滩的历史来说，不过是须臾一瞬。升高几百英尺，或降低几百英尺，海水一直不紧不慢地在沙滩起起落落，时至今日，仍是如此。

构成海滩的材质来自古代。沙粒是一种美丽、神秘而富于变化的物质。海滩上的每一粒沙都可以追溯到生命之初，甚至地球的起源。岩石风化后形成海边的沙滩，再由雨水和河流将沙子搬运到海洋里。在缓慢的侵蚀和不断向海洋搬运的过程中，无数次出现打扰与汇合，沙子会遭遇不同的命运，有的沉降下来，有的则磨损消失。山上的岩石慢慢地风化解体，岩石崩落会导致沉积突然加速，而通过水流对岩石的腐蚀作用，沉积物以不可阻挡的势头增加。所有的沉积物都朝着大海一路前行，有些在水流的冲刷下渐渐消失，有些则在快速流经河床时被摩擦得无影无踪。还有一些在洪水中被丢弃在河堤，躺了一百年或一千年，滞留在平原的沉积物中，又在那里等了几万年，或许在这期间，海水又涌上来，再退回去。然而，最后它们终于在风霜雨雪持续不断的侵蚀作用下得以重见天日，回归大海的行程得以延续。一旦进入咸水中，新一轮清理、分拣和搬运过程又开始了。质量轻的矿物质，比如雪片般的云母，立刻就被冲走了。重的矿物，例如钛铁和金红石的黑沙粒，则在风浪的暴力筛选作用下被抛到海滩的上层。

没有一颗沙粒能长时间停留在某一个固定的位置。颗粒越小，越容易被长途搬运，较大的颗粒由水流搬运，而较小的颗粒则靠风力。一粒沙的平均重量是同等体积下水的重量的一半，或与其相当，但却是同等体积空气的两千倍，因此只有较小的沙粒才能依靠风力运输。但是，尽管风和水持续不断地搬运沙粒，日复一日，沙滩却看不出有什么显著的变化，因为一粒沙被吹走，马上就会有另外一粒来填补空缺。

大多数沙滩是由石英砂构成的，这是矿物质中最丰富的一种，在每种类型的岩石中，几乎都能发现它们的存在。但在石英晶粒之间，还包含有许多其他矿物，一颗沙粒中可能含有十几种甚至更多的成分。通过风、水和重力的分拣作用，颜色较深、质地较重的矿物会形成白色云英石表面的斑块。于是，沙滩上有可能出现一层奇怪的紫色阴影，影子随风移动，堆积成一道道如深红色海浪的小山脊，其原因是里面混了石榴石成分。有时也可能是深绿色，由海绿石形成，这是一种海水化学反应的产物，来自生物与非生物的相互作用。海绿石是一种含钾的铁硅酸盐，在所有地质沉积时期都能见到。有一种说法，如今海洋底部温暖的浅水区域正在形成这种物质，因为那里有一种叫“孔虫”的微生物，其外壳在泥泞的海底不断积累和崩解。夏威夷海滩上有许多源自黑色玄武岩熔岩的橄榄石沙粒，说明地球色彩阴郁的内部结构。而由金红石和钛铁矿等重矿物质形成的“黑金砂”，让佐治亚州的圣·西蒙和萨佩罗岛的海滩变得色彩暗淡，与颜色较浅的石英砂形成鲜明对比。

世界上有些地方的沙滩是由化石构成的，这些化石要么是植物的遗骸，生前体内包含石灰质的硬化组织，要么是海洋生物的石灰质贝壳碎片。在苏格兰的海岸，随处都能见到晶莹洁白的“珊瑚藻海滩”，那是近海海底不断增长的珊瑚藻散落的遗骸。在爱尔兰的戈尔韦海岸，沙丘由随海浪漂来的有孔虫类动物的碳酸钙外壳构成。有孔虫类动物寿命很短，但它们建造的外壳却留了下来，漂到海底，成为沉积物。后来，沉积物上升，形成悬崖峭壁，又不断受到侵蚀并再次回归海洋。有孔虫类的外壳同样出现在佛罗里达州南部和礁岛群的沙滩上，与珊瑚碎片和软体动物的贝壳一起，不断被海浪粉碎、研磨和抛光。

从东港到基韦斯特岛，美国大西洋海岸的沙滩成分不断变化，揭示了其不同的起源。北部海岸的沙滩以矿砂为主，因为海浪仍然在持续筛选和整理工作，将几千年前从北部冰川带来的岩石碎片从一处搬到另一处。新英格兰海滩上的每一粒沙都有一段漫长而坎坷的历史。在变成沙粒之前，它们是岩石的一部分，岩石被严霜凿碎，又在步步推进的冰川作用下分崩离析，随着碎冰缓慢前行，然后被海浪研磨和抛光。在冰川推进之前的漫长岁月里，一些岩石已经以一种看不见的未知方式离开了黑暗的地球内部，变成熔岩后，沿着深深的管道或裂缝上升，最终暴露在太阳光下。如今，在这个特定的历史时刻，它属于大海的边缘，随着潮汐在海滩来来去去，或者随着洋流沿岸边漂流，不断经历着筛选和分类，下沉、冲走，或再次漂流。海浪在沙滩上一如既往，不停忙碌。

纽约长岛聚集了很多冰川物质，那里的沙子中含有粉红色石榴石、红色石榴石和黑色电气石，以及许多磁铁矿颗粒。新泽西州第一次出现南部沿海平原的沉积物，其磁性物质和石榴石含量更少。茶晶在巴尼加特海滩占据主导地位，海绿石则主宰了蒙默思的海滩，而重矿物则是五月岬海滩的主要成分。各地都有绿柱石的踪迹，这是熔岩浆将深埋在古老地球深处的物质带到地表形成的结晶。

弗吉尼亚州北部只有不到百分之零点五的沙滩成分是碳酸钙，而南部却有约百分之五。在北卡罗莱纳州，虽然石英砂仍然是构成海滩的主要材料，但富含钙质的贝壳沙却突然大量增加。哈特勒斯岬和守望者岬之间的海滩则有高达百分之十的沙子是钙质的。北卡罗莱纳州也有构成沙滩的特殊材料，比如硅化木，同样的物质也出现在著名的“鸣歌沙滩”，位于赫布里底群岛的埃格岛上。

佛罗里达州的矿砂并非产自本地，而是来自佐治亚州和南卡罗莱纳州的阿巴拉契亚高地的风化岩石。岩石碎渣顺着南下的溪流江河，被带到海里。佛罗里达北部的海滩沿岸几乎都是石英，由晶莹的沙粒堆成的沙丘从山坡一直延伸到海平面，累积成雪白的平原。同样是在佛罗里达州，威尼斯岛的沙滩表面带有一种独特的亮光，在那里，锆石晶粒像钻石一样铺在岸边，蓝晶石的颗粒如玻璃一般，不时闪烁着蓝光。在佛罗里达州东海岸，石英砂在长长的海岸线占据了主导地位，著名的代托纳海滩便由这种硬质石英砂构成，但是越往南，石英砂中混了越来越多的贝壳碎片，到了靠近迈阿密的海滩，只含有不到一半的石英。在塞布尔角岛和礁岛群，沙滩几乎都由珊瑚、贝壳和有孔虫的遗骸构成。沿着佛罗里达州东海岸，受到火山物质的影响，随洋流漂了数千英里的浮石搁浅在岸边，形成沙粒。

沙粒虽小，其形状和纹理却能讲述一段历史。风搬运来的沙粒往往比水搬来的更圆润。此外，由于在风的搬运过程中，沙粒之间相互摩擦，表面往往产生一种磨砂效果。在朝向大海的玻璃窗上，或者是丢弃在海边的旧瓶子上，也会出现同样的效果。研究沙粒表面的蚀刻程度，我们甚至能找到古代气候变迁的线索。欧洲更新世沉积的砂晶粒带有磨砂表面，那是被冰河时代将冰川吹散的飓风蚀刻而成的。

我们常常把岩石看作永恒的象征，然而，即便最坚硬的岩石也会在雨水、霜冻或海浪的作用下碎裂和磨损。但是一颗沙粒却几乎坚不可摧，因为它是海浪作用的最终产物，经历日复一日、年复一年的反复打磨和抛光后，将岩石最坚硬的内核留了下来。湿沙的微小颗粒紧紧地挤在一起，毛细吸力让每一粒沙的表面都贴有一层水膜，这种缓冲作用让沙粒之间不再产生磨损。即使巨浪来袭，沙粒们也能相安无事。

在潮间带，由沙粒构成的微观世界同样是不可思议的微生物世界，它们围绕着沙粒，在沙粒的液膜之间穿梭畅游，就像鱼儿游弋在覆盖地球表面的海洋中一般。在毛细管水中生存的生物有单细胞类动植物、水螨、体型如虾的甲壳类动物、昆虫以及一些小小的蠕虫幼虫，它们在水中活着、死去、游泳、觅食、呼吸、繁衍，生命的进程在如此小的世界里展开，人类的感官根本无法体会。在这里，将两粒沙隔开的微小水滴，就如同一片辽阔、黑暗的海洋。

并非所有的沙粒之间都住着这些“间隙动物”。在结晶岩风化而成的沙子里有最丰富的生物群，而贝壳或珊瑚沙中却很少有生物存在，即使有，也只是桡足类的小动物，这也许说明碳酸钙沙粒周围的水属于碱性，不利于生物生存。

在任何一处海滩，所有沙粒间的小水池的总和代表了在低潮的间歇期可以供给沙间动物的水量。一般纯度的沙能够容纳相当于其自身体积的水，退潮后，只有最上层的沙子会在太阳照射下变得干燥，下层却仍然保持湿润凉爽，原因是其包含的水分能帮助深处的沙子保持温度恒定不变。连盐度也很稳定，只有最浅层的盐分受降落在海滩上的雨水或淡水水流的影响。

沙滩表面只剩海浪留下的印痕，浪花退去，留下沙面的精致花纹。贝壳散落一地，居住在里面的软体动物早已死去。海滩看起来杳无生迹，似乎无人居住，或者压根不适合居住。其实，秘密都藏在沙子下面。在大部分海滩上，你可以通过一些蜿蜒的踪迹，轻微动作引发的上层沙粒的颤动，或是从通往隐藏洞穴的隐蔽缺口里偶尔探出的小管子，顺利找到住在沙滩的居民。

生命的迹象随处可见。平行于海岸线的深沟，从一次潮落到另一次潮涌，至少会存下几英寸立方的海水。一座移动的小沙丘可能会挡住一种叫“月亮蜗牛”的海螺的捕猎路线。“V”形轨迹表明有穴居蛤蜊、鳞沙蚕和心形海胆出没。遵循扁平的带状踪迹，可以找到藏在沙下的海胆或海星。被海水覆盖的沙滩或滩涂在潮汐的间歇暴露出来，表面往往布满成百上千的孔洞，这便是里面藏有蝼蛄虾的标志。其他沙面可能会伸出一根根管子，像树林一样茂密，如铅笔一般粗细，点缀着稀奇古怪的贝壳或海藻，这是头戴羽冠的巢沙蚕军团的驻地。或者，有一大片区域，上面布满沙蠲刨出的黑色锥形土堆。再或者，在潮水边缘，有一串串的小羊皮纸状的胶囊，一端暴露在空气中，另一端埋在沙下，这表明沙滩下面有一种叫“肉海螺”的大型食肉动物，正忙着产卵和保护它们的后代。

生命的本质，例如觅食、躲避天敌、捕猎、繁衍后代，从生到死，一切都发生在这些沙间生物身上，而路人匆匆一瞥，根本看不到这块荒芜的沙滩表面有生命的迹象。

我记得那是十二月的一个寒冷的早晨，在佛罗里达州万岛群的一座岛屿上，最近的一次退潮让沙滩变得湿漉漉的，清新的海风把浪花吹向沙滩。沙滩沿着海岸线绵延数百码，向海湾凹进，就在水岸，在阴暗潮湿的沙子上，我发现一些特殊的印记。这些印记成组出现，每一组都由几根蛛丝一样的细丝从中央辐射而出，像是拿一根细长的棍子在地上作画，寥寥几笔。起初，我看不到任何动物，更别说判断出是谁画出这些看似漫不经心的涂鸦作品了。我跪在湿沙上，一个个端详这些奇怪的印记，我发现，在每个中心点的下面都有一个扁平的、五角形的蛇海星。沙滩上的印记便是海星长而纤细的腕臂留下的，记录了它前进的步伐。

我回想起在六月的一天，曾经涉水去北卡罗莱纳州博福特镇不远的水禽滩，退潮时，几英亩的沙质海底上只覆盖了几英寸的海水。我在岸边的沙滩上发现两处轮廓分明的凹槽，宽度与我的食指相当。凹槽之间有一道浅浅的、不规则的轨迹。我沿着这道轨迹一步步走过沙滩。最后，在轨迹消失的地方，我见到一只正朝海里爬去的幼年马蹄蟹。

对大多数沙滩动物来说，生存的关键是在潮湿的沙子里挖洞，并且掌握潮水退去时摄食、呼吸和繁殖的方法。沙的故事，在某种程度上也是住在沙下的小动物们的故事，它们躲在黑暗、潮湿、凉爽的洞穴里，避开涨潮时鱼群的追击，以及退潮时在水边逡巡的海鸟的搜捕。一旦到了沙滩表层之下，挖掘者们就会发现，这里不仅环境稳定，也很少会遇上天敌，是个相当不错的避难所。几乎没有动物能从沙滩表面发现沙下的端倪。或许鸟类能借助长长的喙探进招潮蟹的洞穴；魔鬼鱼拍打洞底，翻起沙粒，把埋藏的软体动物暴露出来；章鱼伸出触须，将触须滑动着探入洞穴，寻找沙下的动物。只有一种敌人会偶尔穿越沙地，造访那里。玉螺是一种能靠这种艰难的方式成功捕猎的掠食性动物。玉螺的眼睛看不见，因为它总是在黑暗的沙地里穿行，以生活在沙滩表层以下一英尺深的软体动物为食。当玉螺用大脚挖掘的时候，光滑的圆形外壳使其很容易钻入沙里。找到猎物时，它会拿脚把猎物固定住，然后在其外壳上钻一个圆孔。玉螺是个“大胃王”，幼年时，每周要吃掉相当于其体重三分之一以上的食物。有些蠕虫和海星也会捕食躲藏在沙地里的动物，但对大多数食肉动物来说，不停地挖洞，消耗的能量比捕猎成功后所补充的能量多得多，完全得不偿失。所以，大多数掘地类动物都是被动的食客，它们挖的洞穴只够建立一个临时或永久的藏身之处，躲在里面，从海水中过滤食物，或者依靠吮吸沉积在海底的碎屑为生。

上涨的潮水启动了一整套生物过滤系统，水量受到一定限制。埋在沙下的软体动物从沙里探出虹吸管，让海水流过自己的身体。

蠕虫趴在“U”形管中，开始泵水，让水从管子一端进入，又通过另一端排出，进来的水流带着食物和氧气，出去时，食物已所剩无几，水流搬走蠕虫的有机废物，排出体外。小螃蟹们展开柔软如羽毛的触须网，好像在撒网捕捞食物。

伴着潮水，掠食者们也从近海赶到。一只蓝蟹从海浪里冲出来，抓住一只肥肥的鼹蟹，后者正展开触须，在退去的潮水里过滤食物。成群结队的小海鱼随潮水而来，寻找海滩上部的小型端足类生物。玉筋属鱼，或称沙鳗，正掠过浅水寻找桡足类动物或鱼苗，而它们有时也会被更大的鱼类追捕。

随着潮水退去，动物们的活动放慢了步伐和节奏，捕猎和被捕猎的情形都少了许多。然而，即使潮水已经退去，在潮湿的沙子里，一些动物照样能继续捕食。沙蠋穿行在沙地，寻找留下的残羹冷炙。心形海胆和沙钱躺在吸饱了水分的沙子里，忙着搜寻食物残渣，但沙地里大部分动物都吃得心满意足，正静静等待潮水的再次归来。

虽然有不少地方，比如在宁静的海岸和隐蔽的浅滩上，都住着丰富的动物群落，但其中有几处给我留下的印象特别深刻。在佐治亚州的一座海岛上，有一片巨大的海滩，那里看起来似乎直接通向非洲，却有着世上最温柔的海浪。因为海岛位于恐怖角和卡纳维拉尔角之间长长的、向内弯曲的弧形海岸里面，风暴会绕过它，盛行风也不会在此地掀起巨浪。由于混合了泥沙和黏土，海滩的质地异常坚固，可以留下永久的孔洞和地穴。水波在海滩上留下的印痕，即便潮水退去后也依然明显，看起来像波浪的微缩模型。沙波纹里留下了一些潮水带来的食物颗粒，为食腐屑生物提供了一个天然的贮藏室。海滩的坡度很缓，潮水降到最低处时，高潮线和低潮线之间四分之一的区域都会暴露出来。但是，这块广阔的沙坡并不是一个完美的平原，沙面布满蜿蜒曲折的沟渠，就像陆地上流过一条条小溪，里面存有上一次潮涌时留下的海水，为那些离开了海水就无法生存的动物们提供了生活的场所。

正是在这里，我曾在潮水的边缘发现一大片海肾。那天阴云密布，也许这正是海肾大量出现的原因。阳光明媚的日子里，我从未在那里遇见它们，虽然毫无疑问它们就藏在沙滩下，让自己免遭烈日的暴晒。

我见到它们那天，一丛丛粉色和淡紫色的花面向上抬起，只微微露出沙滩表面，所以不容易被路过的人察觉。看到它们，甚至认出它们，都会叫人产生一种强烈的不协调感，因为谁也料想不到，能在海边发现如此像花朵一样的生物。

这些扁平的心形海肾，由短梗支撑着露出沙滩。海肾不是植物，而是动物，和水母、海葵、珊瑚等同属一个族群。但如果你想要寻找到它们的近亲，就必须离开岸边，到更深的近海海底去。在那里，海笔将长长的茎干从软泥里伸出，像蕨类植物一样形成一片奇异的动物森林。

每一只生长在潮水边缘的海肾，都由海流抛在岸边的微小幼虫发育而成。但经历过特别的生长历程，海肾已经不再是最初的单一个体，而成为由许多彼此联结的个体构成的群落，像一朵完整的花朵。许多管状的个体或水螅都加入海肾的群体，其中有一些管子长有触须，样子像小海葵，作用是为整个群体捕捉食物，并且在合适的季节形成生殖细胞，而其他一些管子缺少触须，充当该群体的工程师，参与水流的摄入和控制。群体的动作由一套能改变水压的液压系统控制。当主干充水肿胀，可以往下插入沙里，将身体固定住。

当上涨的潮水流过扁平的海肾时，所有的捕食触须都会伸展开，触碰捕捞在海水里舞动的生物微粒，比如桡足类动物、硅藻和如丝线般脆弱的小鱼苗。

入夜后，浅水区上的柔波荡漾，在海肾居住的区域出现成百上千个发光点，散发出的柔光形成闪烁的蛇形线，就像夜里从飞机舷窗里看到的高速公路路灯。海肾和它们的深海亲戚一样，光彩夺目、美不胜收。

繁殖季节到来时，海浪将席卷这些沙地，将许多梨形的小幼虫带走，建立新的海肾领地。过去，洋流穿过开放水域后，便分别向南北美洲运送这些幼虫，随后，它们会在北起墨西哥、南到智利的太平洋沿岸建起新领地。后来，美洲大陆之间升起一座陆地桥，阻断了洋流的路径。如今，海肾在大西洋和太平洋海岸都有分布，这证明在过去的某个时候，南北美洲是分开的，海洋生物可以自由往来。

在低潮边缘的流沙里，我经常看到沙面下噗噗地冒起泡泡，那是一个又一个沙地居民从它们的隐秘世界进进出出。

沙钱也叫锁孔海胆，像晶片一般纤薄。沙钱将自己埋起来时，会把前端斜插入沙中，轻松自如地从阳光和水的世界穿越回那个人类一无所知的幽暗秘境。沙钱坚硬的外壳可以用来挖掘洞穴，借助支撑柱，还能对抗海浪的冲击。除了盘状的中心区，支柱占据了上下壳之间的绝大部分。这种动物的表面覆盖着微小的突起，摸起来很柔软。突起会在阳光下微微发亮，那是它们在摇晃身体，激起的水流使沙粒松动，方便它们在水陆通道间穿行。沙钱圆盘状的背部隐约刻有一朵五瓣花。数字“5”是棘皮动物的特征，它们扁平的盘状身体上有五个孔洞。当它们在表层沙的掩盖下前进时，沙粒会通过这五个孔洞，从下面搬移上来，帮助身体往前移动，并形成一层沙帐，遮住身体。

沙钱海胆和其他棘皮动物共享黑暗世界。湿沙里住着心形海胆，但人们很少在沙滩上见到它们。只有包裹着心形海胆的小盒子碰到潮汐，被带到岸上，被海风吹散，并最终滞留在高潮线的废弃物中时，你才有机会见到。这种形状奇特的心形海胆躺在沙滩表层以下六英寸深的地方，靠黏液做衬里，保持自己的通道畅通。顺着这些通道，它们可以到达浅海海底，在那里寻找硅藻和其他藏在沙子里的食物颗粒。

有时，沙滩上会出现一幅闪烁的星形图案，那是海星躺在下面，流水勾勒出它的外形轮廓。海星把海水吸入身体，进行呼吸，然后通过身体表面的气孔，将海水排出体外。如果沙面受到震动，星形图案就开始颤抖、消退，海星会用扁平的管足划过沙子，很快逃之夭夭，像一颗星星消失在迷雾中。

穿越佐治亚州海岸平坦的沙滩时，我感觉自己踩在一座地下城市薄薄的屋顶上。那里的居民很少露面，或者几乎见不到。我见到地下住宅的烟囱、仓库和通风管，以及一条条通向黑暗的公路和跑道。那里的环境卫生似乎保持得极好，几乎没有垃圾被带到地表。那里的居民很低调，只爱静静地待在黑暗的、不为人知的世界里。

在这座地下城市，数量最多的居民是蝼蛄虾，它们的洞穴遍布海滩各处，洞口直径比铅笔杆略小，周围有一小圈粪粒。这种虾有独特的生活方式，必须吞食大量的泥沙混合物，才能吃到充足的混于其中的食物，因此会产生大量的粪粒。这些小孔是洞穴的入口，通道经常会深入地下几英尺。长长的、几乎垂直的通道与其他隧道相连，有些甚至继续向下，到达虾城黑暗、潮湿的地下室，另外一些则通到地表上，作为紧急逃生出口。

洞穴的主人不会轻易现身，除非我把沙粒一点点撒进洞口，把它们引出来。蝼蛄虾是一种身体细长的奇特动物，很少外出，所以不需要有坚硬的保护骨骼。它的身体表面覆盖着一层柔韧灵活的角质层，非常适合在狭窄的隧道中挖掘、转身。身体下部有几对扁平的附足，会持续不断地拍打水流，使其通过洞穴，这是因为深层沙里的氧气很少，混合了空气的水必须从沙面引入洞中。当潮水涌来时，蝼蛄虾爬到洞口，开始从沙粒中筛取细菌、硅藻以及体积更大的有机碎屑颗粒。它的附足上有细小的毛刷，能把食物从沙子上刷下来，然后送入口中。

当然，在这座地下城里建造永久性房屋、自力更生的动物，数量极少。在大西洋沿岸，蝼蛄虾经常会给一种小型圆壳蟹提供居所，这与在牡蛎的洞穴中发现的螃蟹情况类似。巴豆蟹也在空气流通的蝼蛄虾洞穴里找到了稳定的居所和食物供应，它们用身上的羽状绒毛做网，从流经洞穴的水流中获取食物。加利福尼亚海岸的蝼蛄虾洞穴中一般住着十多种不同种类的动物，其中有一种叫小虾虎鱼，在蝼蛄虾住宅的过道里游来游去，把这里当作退潮期的临时避难所，有时还会把主人赶出门去。另外还有一种蚌，生活在蝼蛄虾的洞穴外，但是会把虹吸管穿透墙壁，探入隧道中的循环水流中，以获取食物。这种蚌的虹吸管很短，通常情况下，它们生活在沙面之下以得到充足的水分和食物供应。与蝼蛄虾家的走廊建立连接后，它们就能够在沙滩的深层享受更有保障的生活了。

在佐治亚州的泥泞沙滩，生活着沙蚕，其显著的标志是一些黑色的小圆丘，像一座座低矮的锥形火山。在美国和欧洲的海岸，沙蚕辛勤地劳作，翻新了沙滩，使沙中的腐败有机物的总量保持平衡。如果数量足够，它们每年在每英亩土地上可以消化近两千吨土壤。和它们在陆地上的同伴蚯蚓一样，沙蚕的体内也存有大量泥沙。腐烂的有机碎屑中的养分会被消化道吸收，排出体外的沙子形成整齐、盘卷的沙堆，暴露了沙蚕的行踪。每个黑色锥体旁的沙地都会出现一个小小的、漏斗状的陷坑。沙蚕躲在沙里，形如字母“U”，尾部藏在锥体下，头部则在坑里。当潮水涨起，沙蚕会探出头来觅食。

仲夏时节也是沙蚕活跃的时候。巨大的、半透明的粉红色囊袋像孩子手中的气球一样漂浮在海水中，一端固定在沙地上。这些果冻状的物质是沙蚕的卵块，每个卵块中包含三十万只发育中的幼虫。

广阔的沙滩不断被各种海生蠕虫吞食消化。喇叭虫用含有其食物的沙子堆成锥形的管道，以保护其柔软的身体。有时你会见到喇叭虫正在忙碌，因为它挖出的管道略高于沙面。不过，在潮汐废弃物中找到空的管道更容易。尽管这些管道看起来不堪一击，但在其“建筑师”去世很久后，它们仍然能保持原状。这是一幅用沙粒绘成的镶嵌画，管壁仅有一粒沙的厚度，被一块块建筑石料精心拼接而成。

一个叫A.T.沃森的苏格兰人曾经花费多年时间，研究喇叭虫的习性。因为管道建在地下，无法观察喇叭虫是如何将沙粒放到恰当的位置，并黏合起来的，直到他想出一个点子，采集刚刚孵化的幼虫，让它们在实验用玻璃器皿底部生活，只需要铺上薄薄一层沙子，就能进行观察。幼虫在浮游阶段结束后不久，就在盘子的底部开始了修建管道的工作。首先，每个喇叭虫会围绕身旁分泌一层膜管，这将成为锥体的内壁和沙粒镶嵌画的基础。幼虫只有两条触须，用来收集沙粒并将其送入口中，沙粒在嘴里滚来滚去，如果合适的话，就被放在管道边缘选定的位置上。喇叭虫的腺体会喷出一小股液体，接着，它们再用某种盾牌状的结构在管道上摩擦，像是在进行打磨。

“每一根管道，”沃森写道，“都是居住在里面的生命的杰作，用沙子造得很漂亮，每一粒沙摆放的位置都体现了和人类建筑师一样的技巧和精准……沙粒天衣无缝地配在一起，摸上去有细腻的触感。有一次，我看见一只喇叭虫（在固定沙子前）稍微挪动了一粒刚刚放好的沙粒的位置。”

管道为一生都住在地下的动物提供了栖身之处，和沙蠋一样，喇叭虫也从地底的沙中寻找食物，像管子一样的挖掘器官，与它们脆弱的外表并不相符，细长、尖锐的刷毛安排成两组“梳子”，看起来相当不实用。我们很容易认为，是某个情绪反复无常的人，把闪亮的金箔剪成这个形状，又拿剪刀反复修理，剪成毛边，充当圣诞树的时髦装饰。

我曾在自己实验室为喇叭虫营造的微型沙海里见过它们如何工作。即使在玻璃碗里薄薄的一层沙子里，喇叭虫的毛刷使用起来效率也极高，让人联想到一台推土机。喇叭虫从管子里稍微露出头，将毛刷伸进沙子里，铲起一铲又一铲沙子扔到身后，最后把铲刀从栖管边缘缩回来，似乎打算把刀片刮干净，时而往左，时而往右，一直充满活力和干劲。金色的铲子把沙子弄松，随后，柔软的摄食触须在沙间摸索，将找到的食物收集起来送到嘴里。

顺着立在陆地与海洋之间的堰洲岛海岸线，海浪将入口切断，潮汐通过这处入口，涌入海湾以及岛屿背后的海峡。岛屿面朝大海的海岸被近海洋流带来的大量泥沙淹没，绵延数英里。来来去去的潮水在入口处交汇，海流速度逐渐减慢，一些沉积物滞留在此。因此，在许多峡湾的入口，浅滩线是朝向大海的。钻石滩、煎锅滩以及其他有名或无名的浅滩都由淤积的泥沙逐渐形成，但并非所有的沉积物都会以这种方式留下来。许多沉积物会被潮汐从入口处带走，被抛入相对平静的近海水域。海岬、入海口、海湾和海峡等处的浅滩就是这样形成的。但无论浅滩在哪里，海洋生物的幼虫或幼体总能找到，它们的生存需要平静的浅水环境。

在“瞭望角”，浅滩与陆地相连，潮起潮落之间，浅滩能短暂地与阳光和空气接触，然后再次沉入海中。巨浪很少造访这里，潮流打着漩儿流过，一点一点地改变着浅滩的外表和形态，今天带走一些东西，明天又从别的地方带来一些沙子或淤泥。但对沙居的动物们来说，这里却是一个安宁祥和的世界。

一些浅滩直接以造访它们的陆地或海洋生物命名，例如鲨鱼滩、羊头滩和水禽滩。要去水禽滩，你必须乘船穿越博福特镇的湿地，在一处由海滩植物的深根牢牢固定的沙滩边缘上岸，那里是浅滩靠近陆地的一侧。朝向湿地一侧的泥滩上布满成千上万个招潮蟹的洞穴。螃蟹以入侵者的姿态横行在浅滩平地，蟹爪爬过地面时，声音就像在纸上划过一样沙沙作响。越过沙脊，你可以俯瞰整个浅滩。潮水仍需一两个小时才会完全退去，放眼望去，阳光下，一片波光粼粼。

沙滩上，随着潮水退去，湿沙的边界逐渐退向大海。近海的海面上，一块暗色的天鹅绒补丁出现在丝绸般光滑的水面，一段长长的沙滩映入眼帘，像一条大鱼的脊背，慢慢地从海里露出来。

大潮时，浅滩顶部露出更多，暴露时间也更长。而在小潮时，潮流变得微弱，海水的运动也缓慢，浅滩几乎隐没在水里，即便在潮水退去、水位最低的时候，浅滩上仍然荡漾着浅浅的一层海水。但在每个月的任何一个低潮期，只要风平浪静，你都可以从浅滩的沙丘边缘涉水走过海滩的大片区域，海水清澈透明，水底的每一个细节都看得清清楚楚。

即使潮水和缓，我也走得太远了，干沙的边缘看起来似乎远在天边。随后，深水沟渠将浅滩延伸出来的部分截断。我靠近浅滩，看到海底变得倾斜，海水由水晶般透明变成一种暗淡浑浊的绿色。海底的坡度突然增加，一群银光闪闪的小鱼从浅滩游入黑暗的海沟。大一点儿的鱼沿着浅滩间的狭窄通道，从海里游出。我知道，在更深的海底有光蛤的栖息地，海螺会潜下去捕食它们。螃蟹四处游走，或者将自己埋在沙底，只露出眼睛，而在每一只螃蟹背上，沙子会出现两个小漩涡，那是它们用鳃呼吸时形成的呼吸水流。

当海水盖住浅滩，哪怕只是浅浅一层海水，生物们就变得不再东躲西藏。一只年幼的马蹄蟹匆匆地跑到深水去了。一只小蟾鱼蜷缩在一丛鳗草中，冲着擅自闯入的陌生人，发出呱呱的抗议声，因为这里很少有人类涉足。一只外壳上长有整齐的黑色螺旋的海螺，也称带状郁金香螺，长着黑足和黑色的虹吸管，敏捷地滑到海底，在沙上留下一条清晰的痕迹。

浅滩已经被海草占领，这些开花植物的先驱者们，开始向咸水进军。它们扁平的叶片从沙里伸展开，盘曲交错的根稳稳地固定在滩底。在海草林中，我发现一种奇特的沙居海葵的聚集地。由于其构造和习性，海葵既需要有牢固的支撑，又必须接触到海水，以便获取食物。在北方，海葵会把身子牢牢固定在岩石上，而在这里，它们也得如此，深深地插入沙滩底部，只露出触须冠。沙居海葵收缩吸管的下端，往沙下戳，然后自下而上让身体膨胀，慢慢沉入沙里。能在这块沙地见到海葵柔软的触手丛，让人感到很奇怪，因为在我的印象中，海葵似乎只出现在岩石上。不过，深埋在这块坚固的浅滩底部，无疑像那些盛开在缅因州潮池池壁上的羽状大海葵一样安全。

浅滩的多草区域偶尔会出现一只磷沙蚕，将两根烟囱状的管子轻轻地伸到沙滩上。磷沙蚕习惯生活在沙子下面，其居所是一根“U”形管道，管道狭窄的一端能接触到海水。躲藏在管中的磷沙蚕靠身上的扇状结构将海水引入黑暗的管道，流经它的巢穴，为它带来作为主食的植物细胞，然后带走代谢废物，在繁殖季节里，水流也会将其幼虫带走。

除了短暂的幼虫时期在海里漂流，磷沙蚕剩下的生命周期都在沙下度过。幼虫很快失去游泳的能力，行动变得迟缓，在沙滩底部定居下来。它开始四处蠕动，也许是在寻找落在沙滩波纹里的硅藻。所到之处，会留下一条黏液的痕迹。几天后，磷沙蚕便开始修建短短的、涂满黏液的隧道，然后钻入沙粒与硅藻混合而成的沙块。从这样一个简单的管道开始，幼虫开始不断延长、扩建，直到数倍于自身的长度，一直延伸到沙子外面，形成一个“U”形管道。此后，所有的隧道都是反复重建和扩建的结果，以适应磷沙蚕不断增长的身体。磷沙蚕死后，这根曲折的空管子会被潮水冲去沙粒，成为一种常见的沙滩废弃物。

在某段时间，所有的磷沙蚕都忙着接待房客，比如豆蟹，它们的亲戚居住在蝼蛄虾的洞穴里。这种共生关系是为了更好地生存。由于受到持续不断的食物流的诱惑，豆蟹在很小的时候就钻进磷沙蚕的管道中，但很快就因为长得太大，无法走出狭窄的出口。而磷沙蚕也不会离开自己的管道，虽然偶尔会看到一两只露出再生的脑袋或尾巴，但这只是表明，它们可能遭遇了路过的鱼或螃蟹的攻击。磷沙蚕对这种攻击毫无还手之力，受到惊扰时，它们的身体会发出诡异的蓝白光，也许能把敌人吓跑。

浅滩表面凸起的其他小烟囱属于多毛纲的巢沙蚕。这些烟囱不是成对出现，而是单独一根。巢沙蚕会拿贝壳或海藻碎片做装饰，能有效地骗过人类的眼睛。“烟囱”只是它们露出沙面的管子的末端，而这根管子有时会插到沙面以下三英尺深的地方。这种伪装用来对付天敌，可能也有效，但为了收集足够多的材料来粘满它们暴露在外的管子，巢沙蚕往往要露出几英寸的身体。像磷沙蚕一样，作为一种对抗饥饿鱼类的防御手段，它失去的部分组织也可以再生。

潮水退去后，到处都能见到大蛾螺在寻找埋在沙下的蛤蜊，后者会将一股海水引入体内，从中滤取微小的植物。大蛾螺并非在盲目搜寻，敏锐的味觉会引导它们找到蛤蜊吸管出口排出的小水流。循味而去，也许会走到一只粗壮的竹蛏跟前，外壳牢牢地将胀鼓鼓的肉身包裹起来，或者带向一只紧闭外壳的硬壳蛤。如果是这样，大蛾螺仍然能从容对付这些看似棘手的猎物，用腹足将蛤蜊固定住，利用自身肌肉收缩产生一连串锤击力，靠厚重的螺壳把对方敲碎。

生命循环也不会在这里终结。一个物种的生存，必然要依赖其他的物种。在海底黑暗的小洞穴里生活着蛾螺的天敌——石蟹。石蟹身体的大部分呈紫色，鲜艳的巨螯可以毫不费力地将蛾螺的壳一块块敲碎。这种螃蟹平时潜伏在码头石块间的洞穴、壳岩的侵蚀孔洞或人类的废弃物中，比如扔掉的汽车轮胎等。它们的巢穴就像传说中巨人的家一样，散落着猎物的遗骸。

即使蛾螺能侥幸避开这个敌人，还有另外一个来自天空的敌人虎视眈眈。海鸥成群结队地飞临浅滩，它们没有巨爪来敲碎猎物的外壳，但从前辈那里继承的智慧教会它们另一种捕食手段。发现一只暴露的蛾螺后，海鸥会抓起它，飞上天空；再找一处石砌路面、码头或者海滩，飞到高空后，将猎物抛下，紧接着又俯冲下来，从散落一地的贝壳碎片中寻找美食。

从浅滩返回时，我看见在绿色的海底峡谷边缘，有一串扭曲的环状物从沙子里螺旋伸出，像一条粗糙的羊皮纸编成的绳索，上面串有许多小钱包状的囊鞘。这是雌性蛾螺的卵鞘，时值六月，正是蛾螺产卵的季节。在所有的卵鞘中，神秘的造物力量正在发挥作用，为成千上万只小蛾螺的出生做准备，这其中也许只有几百只能存活，从薄薄的卵鞘壁上的圆门中涌出，每个小生命都有和父母一样的微小螺壳。

海浪从辽阔的大西洋涌来，由于没有外围岛屿或陆地的保护，海浪直接冲击海滩，潮间带并不利于动物们生存。这是一个充满力量和不断运动的世界，就连沙子，都有了水的流动性。暴露的海滩上只有很少几家住户，因为只有最适应环境的生物，才能在常年遭受巨浪袭击的沙滩上生存。

开放海滩上的动物通常体型较小，移动速度却很快。它们有奇特的生活方式，涌上海滩的每个海浪既是它们的朋友，又是它们的敌人。虽然海浪带来了食物，但漩涡的强大吸力也威胁着沙滩生物的生命安全。只有那些能够迅速而且熟练地挖坑的动物，才能充分利用湍急的海浪和流沙，获取水中的丰富食物。

鼹蟹堪称“最成功的海滩开发者”，它们是“浪里渔夫”，能娴熟地用网捕捉海水中的浮游微生物。鼹蟹巢穴构成的城市位于碎浪区，它们追随上涨的潮水涌向岸边，又跟着退潮撤回大海。在潮水上涨期间，鼹蟹们会改变好几次位置，然后在海滩更高处挖掘坑洞，或许这里的海水深度更有利于捕食。一时间，沙滩突然沸腾起来，像鸟群和鱼群一样，所有的海蟹采取一致行动，从沙里齐刷刷地钻出来。它们被汹涌的水流带到沙滩高处，然后，随着海浪力道减弱，它们通过尾肢的旋转，轻松地在沙地里挖出坑洞。潮水退去后，鼹蟹又回到低水位线处，返程的路途同样分成几个阶段。如果不幸落在了退去的潮水后面，鼹蟹会挖几英寸深的坑，藏到湿沙里，等待潮水的归来。

正如“鼹蟹”这个名字的字面含义，这些甲壳类的小家伙长得有点像鼹鼠，它们有扁平的、爪子状的附肢，眼睛很小，而且几乎看不见。跟其他生活在沙里的动物一样，鼹蟹对触觉的依赖远远超过视觉。它们有大量的感鬃，能发挥奇妙的效用。如果没有长长的、卷曲的、羽毛状的触须，鼹蟹就无法成为“浪里渔夫”而生存下去了。有了这种触须，即使是很小的细菌也能被轻松网住。在准备捕猎时，鼹蟹会退回到湿沙中，只露出嘴和触须。虽然面向大海，但它并不打算从袭来的海浪中获取食物，恰恰相反，它耐心等待，等到波浪在海滩上耗尽力量后退回大海的时机。当波浪减弱到仅仅一两英寸高时，鼹蟹会将触须伸到水流中，“垂钓”一阵后，它会收回触须，利用围绕口器的附肢，摘下捕获的猎物，然后再次开始“钓鱼”。这是一种奇特的群体性行为，因为一只鼹蟹将触须伸出时，所有的鼹蟹都会马上效仿。

漫步在沙滩时，如果恰好蹚过一个大的鼹蟹群，你将有机会目睹一件让人觉得不可思议的事——海滩突然“活了过来”。就在刚才，那里还是一片荒芜，然而当潮水像一层稀薄的液态玻璃一样退去后，眨眼工夫，眼前就出现了成百上千个地精般的面孔，瞪着警惕的小眼睛，向沙外窥视，长有长须的面孔紧密地嵌进身体，几乎与背景浑然一色，令人很难察觉。但转瞬之间，这些面孔又消失不见了，仿佛有许多奇怪的穴居小人儿，正透过隐秘世界的窗帘往外窥视，然后突然躲进幕后。这让人产生一种错觉，似乎刚才发生的一切只存在于想象中，是这块沙与水的世界构成的幻境。

为了收集食物，鼹蟹必须生活在海浪边缘，于是它们受到来自陆地和海洋两方面的敌人威胁。鸟类在湿沙中啄食，鱼类随着潮汐赶来，在上涨的潮水中捕食，蓝蟹则会蹿出海浪抓住它们。因此，鼹蟹在海洋生态体系中发挥着连接微观的水生食物与大型食肉动物的功能。

即使个别的鼹蟹能避开潮线附近的大型捕猎者，它们的寿命也很短暂，只有两个夏天和一个冬天。鼹蟹的生命从一颗橘色的卵中孵化出的小幼蟹开始，卵块置于母蟹身下，通常需要几个月的时间才能孵出小鼹蟹。随着孵化时间的临近，母蟹不再跟随其他鼹蟹一起捕食，而是待在低潮线附近，以免自己的孩子有搁浅在海滩高处的危险。

跟其他甲壳类动物的幼体一样，刚从卵里孵出来的小鼹蟹是透明的，有大脑袋、大眼睛和奇形怪状的棘突。鼹蟹幼体是一种浮游生物，对沙滩上的生活一无所知。它们渐渐长大，开始蜕皮，脱落幼虫时期的外衣。等到一定阶段后，虽然它们仍像幼虫时挥舞着带刺毛的腿划水，但也开始在汹涌的碎浪区里寻找被海水冲松的沙底谋生了。夏天结束的时候，它们还会蜕一次皮，随后便进入成年阶段，以成年蟹的方式捕食了。

在漫长的幼虫期，许多年轻的鼹蟹会随着海流做长途旅行，如果能在旅途中幸存下来，它们最终登岸的地点也许是远离父母生活的海滩。太平洋沿岸的海流十分强劲，马丁·约翰逊发现有大量的鼹蟹幼体被带到海洋深处，除非它们能碰巧遇上回流，否则就会遇上灭顶之灾。由于幼虫阶段很长，一些幼蟹会被冲到距离海岸两百英里的地方。说不定在大西洋海岸盛行的近海洋流的帮助下，它们会被带到更远的地方。

进入冬季，鼹蟹依然十分活跃。在有鼹蟹分布的北方，霜冻侵入沙子里，海滩也结了冰，鼹蟹于是迁居到远离低潮区的海中，那里会有约一英寻深的水为其隔开寒冷的空气，从而安然度过寒冬。春天是交配的季节，等到七月，几乎去年夏天孵化出来的雄鼹蟹都已经死亡。雌鼹蟹几个月来一直携带它们的卵块，直到幼鼹蟹孵化出来。在冬季到来前，这些雌鼹蟹也会死亡，只有新一代的鼹蟹留在海滩上。

除了鼹蟹，另外一种叫石蛤的小生物还出没于大西洋海岸潮线之间的海滩，那里常有大浪袭来。石蛤的一生是一场非凡的、永不停歇的运动。被海浪冲出沙子后，它们再次挖坑，用强健如铲子的尖足牢牢插在沙底，然后将光滑的壳迅速钻进沙里。一旦扎下根，石蛤就会把虹吸管伸出来，这根管子和外壳同样长度，开口处像喇叭一样变宽，沙滩底部的硅藻和其他食物碎屑会被海浪搅拌起来，随着水流被吸入虹吸管中。

石蛤像鼹蟹一样，也爱成群结队地在沙滩搬上搬下，以便最有效地利用水位。当石蛤从洞中爬出，随波浪前进时，沙滩上便闪烁着贝壳明亮鲜艳的色彩。有时，其他一些小型挖掘者也跟石蛤同行，比如笋螺，它们靠捕食石蛤为生。还有一种叫环嘴鸥的海鸟，擅长把石蛤从浅水区的沙地里翻检出来。

对任何一处海滩来说，石蛤不过是临时的住户。它们在一个区域找到食物后，就会搬到下一个地方。如果海滩上有成千上万枚色彩斑驳的贝壳，形状像蝴蝶，外壳有辐射状的彩色条纹，则说明这里曾经居住过大批石蛤。

每一处海岸的高潮带都兼具海洋和陆地的双重特性，这些区域是潮汐所能到达的最远区域，少有海浪光顾。这种中间过渡性质不仅仅是一种物理形态，也深刻影响着沙滩上部的生物。潮间带的动物已经渐渐习惯了潮起潮落，甚至没有海水也能忍受。也许这就是为什么生活在潮间带的一些物种，在其生命历史的这一阶段，既不属于陆地，也不完全属于海洋。

沙蟹和它栖居的海滩上部的干沙一样苍白，看起来更像是一种陆地动物。它们通常住在沙丘背后的深洞里。沙蟹不能直接呼吸空气，但在鳃周围的鳃室里存有海水，所以每隔一段时间，就要去海里补充水分。另外，它们身上还有一种象征性的回归现象：每只沙蟹开始独立生活时，都是一种微小的浮游生物，等成熟后，到了产卵季节，雌性沙蟹会再次把后代产到大海里。

除去这些与大海必要的接触，成年沙蟹的生活方式几乎算得上是真正的陆地动物了。只是在每天某个时候，它们必须来到水位线将鳃部弄湿，用最简洁的方式达到自己的目的。沙蟹不是直接爬进海水，而是站在海浪恰好能到达的位置上方，等待海浪冲到沙滩上。它们侧身站在水边，拿腿勾住陆地一侧的沙地。游过泳的人都知道，在海浪中会偶尔有一小波浪花卷得比其他浪花更高，冲到沙滩上更远的地方。沙蟹们也清楚这一点，站在原地等待，等这一波浪冲过它们之后，就返回上部海滩。

沙蟹并不是害怕与大海接触。我的脑海浮现出一幅画面：十月的一个暴风雨天，一只沙蟹骑跨在弗吉尼亚海滩的海燕麦秸上，忙着把从秸秆上摘下来的食物颗粒往嘴里塞。它狼吞虎咽，满足自己的口腹之欢，全然不顾身后咆哮的大海。突然，碎浪裹挟着飞沫从天而降，把沙蟹从秸秆上拍了下来，将两者推到潮湿的沙滩上。沙蟹在遇到有人想捕捉它们时，会选择一头扎入海中，它们似乎懂得两害相权取其轻的道理。但它们并不会在海里游泳，而是尽量在海底爬行，直到警报解除，才会大着胆子爬出来。

虽然在多云甚至阳光灿烂的日子里，会有少数沙蟹爬上岸来，但它们主要还是选择夜间在海滩上捕食。白天，沙蟹很胆小，但是在黑夜的掩护下，它们平添了白天所没有的勇气，一窝蜂地跑到沙滩上，四处爬行。有时，它们会在靠近水位线的地方挖个临时的小坑，躺在里面观察，看海水能给它们带来什么惊喜。

每只沙蟹在其短暂的一生中，都重演了一遍该物种从海洋生物进化为陆地生物的漫长进化史。和鼹蟹一样，沙蟹幼体也属于海洋性，一旦从母体所培养的卵中孵化出来，就成为浮游生物。在大海漂流的过程中，幼蟹的角质层会蜕掉几次，以适应其不断长大的身体。每一次蜕皮，它的形态都会产生某种细微的变化。幼体的最后一个阶段被称作“大眼幼体期”。这便是该种族所有个体的命运，对于一种独自在海上漂流的小生物来说，它必须服从驱使它返回岸上的本能，必须在沙滩上成功着陆。漫长的进化过程已经使它能够勇敢面对自己的命运。和其他蟹类的幼体相比，沙蟹幼体的构造非常特殊。乔斯林·克莱恩对比研究过不同品种沙蟹的幼体，发现其角质层又厚又重，身体却呈圆形，附肢带有沟槽和刻纹，能折叠起来，紧贴身体，每一个配件都与相邻的配件完美契合。在执行危险的“登陆任务”时，这些构造可以保护幼蟹免遭海浪的击打和沙子的摩擦。

冲上沙滩后，幼蟹会马上挖个小洞作为一处庇护所，躲开海浪的攻击，这让它可以顺利完成最后一次蜕皮，然后变为成年蟹的模样。从那时开始，幼蟹的生活就逐渐转移到了海滩上。幼蟹会在湿沙上挖洞，潮水上涨时会将洞淹没。等幼蟹长到半大时，会在高潮线以上挖洞，而等它们完全成熟，就可以爬到海滩上部甚至沙丘之间，抵达所执行的“登陆任务”的最远处。

在有沙蟹定居的沙滩，洞穴的出现和消失遵循一种昼夜和季节性的规律，这与洞穴主人的习性有关。夜里，沙蟹在海滩上四处觅食，洞口会一直敞开。黎明时分，沙蟹返回洞穴。它们是按习惯返回住处的，还是根据方便行事，我们不得而知。这种习惯会随地域、沙蟹的年龄以及其他条件的变化而有所不同。

大多数沙蟹挖的坑道是一个简单的竖井，以大约四十五度角倾斜到沙底，通向一个稍大的洞穴。有些洞穴还有辅助性隧道通到地表，可以充当紧急出口，在逃避敌人时使用，如果另一只体型更大、充满敌意的螃蟹从主通道钻进来，打开门后，洞穴主人就能紧急逃生。第二条通道一般是垂直到达地面，比主通道更远离海水，但不一定会穿透地表的沙层。

清晨的时间常被沙蟹用来修补、扩大或改善当天要暂住的洞穴条件。沙蟹常常横行而出，顺着通道向上搬运沙子，携带的沙堆就像包裹一样，夹在身体后部的腿足下面。有时，一到洞口，它们就把沙子猛地抛上去，然后立刻闪身进洞。有时，它们会把沙子带到稍远的地方，卸下来扔掉。沙蟹通常会把洞穴里储满食物，随后退居其中。大约到中午时，几乎所有的沙蟹都封闭了洞口。

整个夏天，海滩上洞穴的出现都遵循这样的昼夜模式。到了秋天，大部分沙蟹都搬到远离潮汐的干燥的海滩上部，洞穴挖得更深，似乎它们的主人也感受到了十月的寒意。再后来，洞穴的沙门关闭，直到来年春天才会再次打开。冬季的海滩找不到任何沙蟹或洞穴的踪迹，从一角硬币大小的幼蟹到成年蟹，所有的沙蟹都消失得无影无踪，大概是进入漫长的冬眠了吧。等到四月阳光明媚的日子，在沙滩上散步时就能随处看到敞开的洞口。不久，就会有一只沙蟹，身穿崭新的春装，出门溜达。在春日的阳光下，沙蟹试探性地倚着胳膊肘晒了一下太阳，如果空气中寒气依旧，它就会缩回去，关上大门。等到季节更替，这片广阔沙滩下的沙蟹们就会从冬眠中醒来。

跟沙蟹一样，一种被称为沙蚤或滩蚤的端足类小动物也描绘了进化过程中戏剧性的时刻，在这个过程中，它们放弃了一种旧的生活方式，转而寻求另外一种新的生活方式。它们的祖先是不折不扣的海洋生物，如果我们能正确地预测未来的话，其遥远的后代，将彻底变成一种陆地生物。现在，它们正处于从海洋生活过渡到陆地生活的中间阶段。

在这种过渡性的生存状态中，沙蚤的生活方式充满了小小的、奇怪的矛盾和滑稽之处。它们已经前进到海边，但所面临的困境仍然是受制于大海，仍然受到给了它生命的元素的威胁。沙蚤从不会主动跳入海水，因为它是一种不擅游泳的生物，长时间泡在水中，会被淹死。但它却又需要潮湿的环境，也许还离不开沙滩上的盐分，因此仍然受到海洋的束缚。

沙蚤的运动遵循潮汐的节奏和昼夜交替的规律。黑夜里，当潮水退去后，它们会漫步在潮间带寻找食物，啃着海莴苣、海草和海带，小小的身体随着大嚼的动作来回摇摆。在潮汐线的废弃物中，它们发现少量的死鱼或蟹壳内残存的肉屑。海滩因此被清理干净，磷酸盐、硝酸盐和其他矿物质被回收以供活着的生物利用。

如果低潮在夜里来得太晚，这些端足类动物会继续它们的觅食行为，直到黎明前一刻。不过，在天光渐亮时，所有的沙蚤都会沿着海滩奔向高水位线，每一个都忙着挖洞，藏身在洞中，避开白天的阳光和上涨的潮水。沙蚤工作起来动作迅速，沙粒从这一对足传到下一对足，再到第三对胸足，然后把沙子堆在身后。偶尔这个小挖掘机会挺直身体，把堆起来的沙子抛出洞穴。沙蚤先是在隧道墙的一侧卖力，拿第四和第五对足支撑，随后转过身，朝另外一侧动工。沙蚤个头很小，腿看上去也很细，却能在十分钟内挖出一个坑道，而且把洞穴末端掏空，形成一个房间。沙蚤能挖的最大深度，如果将它的劳动量换算成一个人的话，大概相当于在没有任何辅助工具、单凭双手的情况下，给自己挖了一条六十英尺深的地道。

挖掘工作完成后，沙蚤通常会返回到洞口，检查大门是否安全。大门是由挖掘隧道的过程中堆积的沙子形成的。沙蚤会把长长的触须从洞口探出，试探沙子的感觉，然后揪住沙粒，把几粒沙子拉进洞里。之后，它们就蜷缩在黑暗舒适的房间里。

潮水上涨时，碎浪的震动和涌到岸边的海潮会给躲在洞穴里的小动物们发出警告，它们必须留在洞里，免得被水冲走、遇到危险。我们很难理解，到底是什么触发了沙蚤的这种保护本能，躲避日光以及接踵而至的种种危险。日光意味着有岸禽正在捕猎。住在深深的洞穴里，白昼和黑夜的差别并不大，然而沙蚤却以某种神秘的方式知道，白天应该待在安全的沙屋里，直到黑暗和退潮这两个必要的生存条件再次在海滩占据优势。到那时，它们会从睡梦中醒来，爬出长长的坑道，推开沙门，走到外面。被黑夜笼罩的沙滩再一次展现在它们面前，退潮线边缘那一道白色的泡沫线，便是它们狩猎场的边界。

每一处费力挖出的洞穴，都只是沙蚤一个晚上或者一个潮汐间隔的避难所。低潮的捕食期过后，每只沙蚤会给自己重新挖一个新的住处。我们会在沙滩上部看到空空的洞穴，原来的住户早已搬走。被占据的洞穴“大门”紧闭，因此位置很不容易找到。在大海的沙滩边缘，隐蔽的沙滩和浅滩上生活着各种动物，受海浪侵袭的沙滩却物种稀疏。抵达高潮线的先驱们已经摆开阵势，准备在空间和时间上对陆地发起总攻。

沙子里也包含着其他生命的记录。海洋带来的漂流物在沙滩搁浅，形成了一张薄薄的、铺在海滩的废料网，这是由不知疲倦的海风、海浪和海潮编织出的奇怪组合，其材料的供应无穷无尽，包括螃蟹的残爪，海绵的碎片，破碎的贝壳，被海浪侵蚀的旧桅杆、鱼骨头，还有鸟类的羽毛，都被海滩上晒干的滩草和海藻形成的绳索牵绊住。织工们用这些材料编织的网，从北到南，外观有所不同，反映出近海海底的不同类型，是绵延的沙山，还是岩石珊瑚礁。这张网巧妙地暗示了是否有温暖的热带洋流在接近，或是有来自北方的冰冷海水即将抵达。海滩上的垃圾和碎片里很少有生命存在，但这却表明，曾经有成百上千万住在沙滩附近或者是来自遥远外海的生命，被带到了这个地方。

海滩的废料中经常会有来自公海表层水的迷路者，这提醒我们，大多数海洋生物都是它们所居住的特定水体的囚徒。当熟悉的水体受风的驱使，或者温度和盐度发生改变的话，它们就会迷失在不熟悉的海域，不由自主地过上这种漂泊的生活。

几个世纪以来，富有探索精神的人类行走在世界各地的海岸上，他们对许多未知的海洋生物的了解来自这些从公海冲来的潮线废料。旋壳乌贼，或称鹦鹉螺壳，便体现了海洋与海岸之间的神秘关联。多年来，人们只知道有这种螺壳存在，外观是两三条松散线圈构成的白色小螺旋。把壳置于光下，能看到里面分为许多单独的空间，却没有留下任何关于建造和居住于此的动物的线索。到1912年，人们找到大约十几个活体样本，但仍然没有人知道这种生物住在海洋的哪个地方。后来，约翰内斯·施密特开展了他那项研究鳗鱼生活史的经典实验，他一次次穿越大西洋，从表层海水到黑暗的深海，在不同层次撒网提取浮游生物样本。同他的研究对象——玻璃般透明的鳗鱼幼苗一道，他也提取了许多其他动物标本，其中就包括诸多乌贼品种，它们是在不同深浅的海水中遨游时被抓到的，最深处达一英里。旋壳乌贼最为密集的区域，大致介于九百到一千五百英尺深的水层，在那里，乌贼常常成群结队出现。乌贼是类似章鱼的一种小型生物，有十条腕臂和一个管状的身体，腕臂末端生有螺旋桨一样的轴承鳍。如果把它们放置在水族箱里，就能看到它们像喷气式飞机一样，靠向后喷射的水流摇摇摆摆地前进。

旋壳乌贼这种深海动物的遗骸竟然会出现在海滩上，看似很神秘，原因却不难理解。旋壳乌贼的壳很轻，住在里面的动物死后，肉体开始腐烂，分解产生的气体会让贝壳浮上海面。易碎的贝壳跟随洋流缓慢漂移，成为一个天然的“漂流瓶”。就洋流的路线而言，这些贝壳最终停下来的地点并不能为该物种的分布提供更多的线索。旋壳乌贼原本生活在深海，从大陆架边缘过渡到深海的陡峭斜坡上，数量最为丰富。它们似乎占领了世界上所有热带和亚热带该深度的海域。如今，这枚卷曲如公羊角的小贝壳告诉我们，长有螺旋状外壳的大“乌贼”曾经在侏罗纪和更早地质年代的海洋里成群结队地遨游。除了太平洋和印度洋上，其他的头足类动物要么放弃了它们的外壳，要么将其退化为体内的残留物。

有时，潮汐废料中会出现一只薄如纸片的贝壳，白色表面有带状的花纹，就像岸边的水流在沙滩上留下的印痕。这是船蛸的壳。船蛸也叫鹦鹉螺，是章鱼的远亲，也有八条腕臂，生活在大西洋和太平洋的外海。这个“壳”实际上是一只精心设计的卵箱或摇篮，由雌性船蛸分泌出的物质形成，用来保护幼体。这是一种与身体分离的结构，船蛸可以根据自己的意愿选择钻进去还是离开。体型小得多的雄性船蛸，个头是其配偶的十分之一，不会建造外壳。雄性船蛸采用一种与其他头足类动物类似的奇异方式让雌性受孕。它们将一条携带着精囊的腕臂伸进雌性船蛸的套膜腔中，然后脱落腕臂，将精囊留在雌性船蛸体内，使其受孕。很长一段时间以来，人们都没能识别出这个物种的雄性。19世纪早期，法国动物学家居维叶对船蛸脱离的腕臂很熟悉，但以为那是另外一种动物或者一种寄生蠕虫。船蛸并不是新英格兰的诗人霍姆斯在那首《洞穴里的鹦鹉螺》中所提到的珍珠鹦鹉螺。珍珠鹦鹉螺虽然也是头足类动物，却属于不同的种群，而且有真正的壳。它们栖息在热带海域，和旋壳乌贼一样，是曾经在中生代时期海洋中占据霸主地位的大型旋壳类软体动物的后裔。

风暴带来许多热带水域的迷途者。在北卡罗莱纳州纳格斯海德的一家贝壳店里，我曾打算买一枚紫罗兰色的美丽海螺，但店主不愿出售她唯一的样品。但她告诉我，她是在飓风过后的海滩上发现这只活紫螺的，我这才明白，为什么海螺瑰丽的外壳仍然完好无损。它把周围的沙子都染成了紫色，用尽全力抵御迫在眉睫的危险。后来，我找到一只紫螺空壳，轻飘飘的，陷在基拉戈岛的珊瑚岩中，大概是一波轻浪将其带到此地。我从未碰上像纳格斯海德那家店主的好运气，没有见过活的紫螺。

紫螺是一种浮游螺，靠黏液泡沫构成的浮囊在公海漂流。这种浮囊由紫螺分泌的黏液形成，黏液中含有空气泡，后来硬化成一种结实、透明、坚硬如玻璃纸的物质。在繁殖季节，紫螺将卵囊紧紧系在浮囊下方，浮囊能让这种小生物漂浮一整年。

跟大多数螺类一样，紫螺也是食肉动物，捕猎对象是其他浮游生物，例如小水母、甲壳类动物，甚至小型鹅颈藤壶。有时会有一只海鸥从天空俯冲下来，抓起一只紫螺。不过，对它的大多数天敌而言，泡沫浮囊算是相当出色的伪装，几乎与海水中漂浮的泡沫难以区分。紫螺还会遭遇水下的攻击，因此悬在浮囊下的外壳呈现蓝紫色，这也是生活在海水表层的许多动物都爱选择的伪装色，用来隐藏自己，防止被来自水下的敌人发现。

墨西哥湾暖流的北进水流十分强大，表层海水携带了一支支“船队”，它们是来自外海的奇特的腔肠类动物，学名“管水母”。由于逆向海风和洋流的作用，这些“小船”有时会误入浅水区，搁浅在海滩。这种情况多发生在南部海域，但新英格兰南部的海岸也会从湾流中迎来这些迷路者，这是因为南塔基特岛以西的浅滩就像一个陷阱，将它们一网打尽。迷路者中包括僧帽水母，俗称“葡萄牙战舰”，有美丽的天蓝色风帆。人人都知道这种水母，它们的色彩太鲜艳，每一位漫步在海滩的人都很难对它们视而不见。而紫色的帆水母则很少有人知道，这也许是因为它们的体积小得多，而且一旦搁浅在海滩，很快就会被晒干，变成一个难辨的物体。两者都是典型的热带水域居民，随着墨西哥湾暖流前来，有时会一直漂到英国的海岸，在某些年份，漂到英国的水母数量还不少。

活着时，帆水母椭圆形的浮伞会现出一种美丽的蓝色，浮伞上有竖起来的脊或帆，呈对角线交叉。椭圆浮伞大约有一点五英寸长，半英寸宽。这不止是一只水母，而是一群水母，或者说是由多个亲密的个体形成的群体，均由同一枚受精卵发育而成。不同的个体有各自独特的功能，摄食个体从浮伞中心垂下，小一点的繁殖个体包围在摄食个体身旁。在浮伞的边缘，摄食个体释放出长长的触手，捕捉小型海鱼。

有时人们能站在穿越墨西哥湾暖流的船上，看见海中壮观的僧帽水母群，那也许是海风和洋流将其带来的。在数小时甚至数天的航程中，人们都能看到这些管水母类动物。由于浮伞或帆成对角线穿过底部，水母能顺风航行。俯瞰清澈的海水，不难发现僧帽水母的浮伞下拖着长长的触手。僧帽水母就像一艘拖着一张漂网的小渔船，或者说，它的“网”更像一组高压电线，鱼类或其他小动物要是不幸撞上，后果都是致命的。

僧帽水母的习性难以掌握，事实上，人类对其生物特征方面仍然一无所知。但是与帆水母一样，对于僧帽水母，有一点确定无疑，那就是它看起来是一个动物，其实是由许多不同个体构成的群体，单独的个体无法生存。僧帽水母的浮伞和基部被认为是一种个体，而每一根长长的触手也是单独存在的个体。大量的样本显示，这些用来捕食的触须可以向下延伸四十到五十英尺，上面布满了刺丝囊或刺细胞。这些刺细胞能将毒素注入受害者体内，因此僧帽水母是所有腔肠动物中最危险的一种。

对在海里游泳的人来说，稍稍碰到一根僧帽水母的触手，就会立刻冒起一条火辣辣的伤痕。如果被蜇得厉害，能不能活命就得看运气了。目前，人类尚不清楚僧帽水母毒素的确切属性。有人认为其中包含三种毒素，一种麻痹神经系统，另一种影响呼吸系统，如果被注入大剂量的第三种毒素，会导致虚脱甚至死亡。在僧帽水母数量较多的海域，游泳的人已经学会了对其敬而远之。在佛罗里达州海岸的一些地区，墨西哥湾暖流离海岸非常近，许多僧帽水母被吹向海岸的风带到海滩。劳德代尔海和其他地方的海岸警卫队在公布潮汐和水温状况时，通常也会对登岸的僧帽水母数量做出预估。

虽然僧帽水母的刺细胞毒素含有剧毒，但令人惊讶的是，竟然有一种生物能与它和谐相处。这就是双鳍鲳，它们爱在僧帽水母的阴影下生活，从来不去别的地方。它们在僧帽水母的触手丛中钻进钻出，却安然无恙，想必是把这里当成躲避敌人的好地方。作为回报，双鳍鲳会把其他鱼类引到僧帽水母的捕食范围内，但它自身的安全问题呢？它真的对这种毒素免疫吗？或者说，它只是忍受着一种令人难以相信的危险生活？一位日本的研究者几年前曾撰写报告，说双鳍鲳其实会吞掉一些僧帽水母触须上的刺，也许通过这种方式，它自身也有了微量的毒素，获得了免疫。但最近的一些研究人员则认为，这种小鱼根本没有什么免疫力，每只活下来的双鳍鲳，也许只是幸运儿。

僧帽水母的浮伞里充满了由所谓的“气腺”分泌出的气体。气体的主要成分是氮（占百分之八十五到百分之九十一），还有少量的氧和微量的氩。有些管水母动物可以通过释放气囊里的气体，沉入水中，来躲避海面的狂风巨浪。但僧帽水母显然做不到这一点，不过它们可以控制气囊的位置和扩张的程度。我曾在南卡罗莱纳州的海滩碰到过一只搁浅的中等大小的僧帽水母。我把它放在一桶盐水里，过了一晚后，打算放生回大海。潮水正在退去，我蹚着三月里冰冷的海水，出于对僧帽水母蜇人本领的畏惧，我把它放在水桶里，然后用尽全力抛到远处。涌来的海水却一次次把它冲上浅滩，它试图离开，有时在我的帮助下，有时靠自己努力。风从南方吹来，直吹到海滩，我能清楚看见它迎着风，调整帆的形状和位置。有时它成功地赶上一波即将到来的海浪，有时它跌跌撞撞地穿进一些细流。但不管是遇到困难，还是享受一时的成功，这种生物的求生意志始终没有消沉，让人感受到一种强大的力量。它不是一团无助的漂浮物，而是一个活的生灵，动用了一切可以动用的手段，应对自己的处境，掌握自己的命运。我最后一次看到它时，它像一只小小的蓝色帆船，搁浅在海滩上部，朝向大海，等待能再次起航的时刻。

有些海滩废弃物表现出表层海水的运动模式，其他的则清晰地揭示了近海海底的性质。从新英格兰南部到佛罗里达州南端，有绵延数千英里的沙滩，其宽度从海滩上的干沙山一直延伸到被海水淹没的大陆架。然而，在这个沙的世界，到处都有隐藏的岩石区，其中一种是零散破碎的珊瑚礁链，掩藏在卡罗莱纳州碧绿的海水之下，有时离岸很近，有时却远及墨西哥湾流的西缘。渔民们称之为“黑岩”，因为常有黑鱼聚集在岩石附近。海图上仍然将其称作“珊瑚礁”，尽管最近的珊瑚礁石远在数百英里外的佛罗里达南部。

20世纪40年代，杜克大学的生物学家对其中一些珊瑚礁展开研究，发现它们并非珊瑚，而是一种被称作“泥灰岩”的软黏土岩露出海面的部分，形成于数千年前的第三纪中新世，然后被埋在沉积物下，又被不断上涨的海水淹没。根据潜水员们的描述，这些被海水淹没的礁石大多位于低洼处，有时会上升到沙滩以上几英尺，有时又被侵蚀成平台，褐色马尾藻林在那里摇曳生姿，其他藻类则在其裂缝中找到栖身之所。岩石表面的大部分会被各种稀奇古怪的植物和动物覆盖。石珊瑚藻包裹了露出水面的礁石较高的部分，将其缝隙填满，而它们的近亲则把新英格兰的低潮区涂成深玫瑰色。大多数珊瑚礁都被一层厚厚的、扭曲的石灰质管子所覆盖，这是活海螺和建管类蠕虫的功劳，在这些古老的化石岩外面筑了一层石灰质外壳。年复一年，海藻逐渐累积，海螺和蠕虫修建的管子也在不断生长，为珊瑚礁的形成添砖加瓦。

至于没有海藻和蠕虫管道覆盖的礁石，会有爱钻孔的软体动物，比如海枣贝、海笋和番红砗磲，在表面钻孔挖洞居住，并以水中的微生物为食。有了礁石牢固的支撑，原本单调乏味的流沙和淤泥，变成了色彩缤纷的花园，橙色、红色或赭色的海绵将枝蔓伸进流经礁石的水流，小巧的水螅虫分支从岩石上长出来，开出苍白的“花朵”，到了繁殖季节，小水螅虫会顺水游走。柳珊瑚像高大结实的草，呈现出黄橙相间的颜色。还有一种奇特的苔藓动物或苔藓虫生活在这里，个头和灌木一般高，枝丫呈坚韧的凝胶状，包含数以千计的小水螅虫，能伸出触手冠来捕食。这种苔藓虫通常生长在柳珊瑚附近，看起来像是一层包裹在深色金属线周围的灰色绝缘层。

如果没有珊瑚礁，这些生命不可能在这片沙滩安家落户。然而在漫长的地质过程中，环境不断发生变化，第三纪中新世形成的岩石如今从这片浅海海底露了出来，动物的浮游幼虫们也终于有了立足之处，可以结束在洋流中的漂泊，实现家族团圆的梦想了。

每次风暴之后，像南卡罗莱纳州美特尔海滩这样的地方，珊瑚礁上的生物们总会出现在潮间带的沙滩上。它们的存在是近海水域深层动荡的结果，海浪直达海底，猛烈地扫过那些古老的岩石。自打几千年前，海水将它们淹没以来，岩石对海浪的破坏力一无所知。风暴大浪将许多依附在岩石上的动物以及其他一些生物都刮进海水，冲到沙底的陌生世界，而海水会越来越浅，直至失去所有水分，变为海岸上的沙滩。

在一场东北风暴后，我顶着刺骨的寒风，徜徉在海滩。海浪在地平线上翻滚，大海呈现出一派肃杀的铅灰色调。我的内心被眼前的一切深深触动——大量鲜橙色的树海绵躺在沙滩上，还有更小的绿色、红色、黄色的海绵碎片，半透明的橙色、红色或灰白色的闪闪发光的“海猪肉”块，像长满疙瘩的老土豆似的海鞘，以及仍然拽着柳珊瑚细枝不放的活珍珠贝。有时还会遇到活的海星，南方的海星身体是暗红色，栖居在岩石上。曾经有一只章鱼在潮湿的沙滩上遇险，海浪把它抛上沙滩，但它还活着，我帮助它出了碎浪区，很快便游走了。

美特尔海滩上经常能发现古代珊瑚礁的碎片，近海有珊瑚礁的话，就会出现这种情况。泥灰岩是一种暗灰色、水泥状的岩石，其间布满了软体动物钻出的孔洞，有时还散落有遗留的贝壳。钻孔类动物的总数很庞大，让人忍不住想象，这是一场多么激烈的竞争呀！在这处海底岩石的平台上，每一寸可以利用的表面都被占领了，还有不知道多少幼虫，甚至都无法找到一处立锥之地。

海滩上还有另外一种“岩石”，形状各异，数量比泥灰岩石都多，结构酷似蜂窝状的太妃糖，内部布满弯弯曲曲的通道。如果你是第一次在海滩见到这种岩石块，尤其是它半埋在沙子里的时候，会误认为它是海绵，但仔细观察，才发现它原来像岩石一样坚硬。它并非矿物质，而是由通体黑色、头部生有触须的小型海洋蠕虫形成的。这些蠕虫聚在一起生活，身体周围分泌出一种钙质基质，硬化后犹如岩石一般。它们会在珊瑚礁外面裹上一层厚厚的壳，或者在石质海底建起固体堆。直到奥尔加·哈特曼博士确认我采自美特尔海滩的标本属于“一种钙珊虫基质营造物种”，这块来自大西洋海岸的特殊“蠕虫岩”才开始为人知晓，其近亲是太平洋和印度洋的居民。这个特殊的物种是何时来到大西洋的？其分布范围有多广？仍有许多问题有待回答。这只是一个小例子，表明我们知识的局限性。透过这扇窗户，我们能展望无限的未知空间。

在海滩上部，每天两次潮水涨落的区域之外，是干透的沙子。

沙子很容易变得过热，干燥的沙底贫瘠而荒凉，很少能吸引生物来此居住，或者说根本就不宜居住。干燥的沙粒会相互摩擦，海风将沙粒吹飞，在海滩上空形成一层薄薄的沙雾。这种由风力驱动的沙尘暴有一定杀伤力，会给浮木镀上一层银光，将老树的树干抛光，像鞭子一样抽打在海滩上筑巢的海鸟。

但要说这里缺少生命，极目所见，却又到处都能发现生命的遗留物。在高潮线附近的沙地里满是软体动物丢弃的空壳。到北卡罗莱纳州的沙克尔福浅滩或者佛罗里达州的萨尼贝尔岛海滩转转，你就会相信，软体动物是大海边缘唯一的居民，因为在螃蟹、海胆和海星的肉体分解成基本的元素回归泥沙后，它们坚固的遗骸成了在海滩废弃物中的主体。贝壳先是被海浪冲到沙滩较低处，然后随着一次又一次涌来的潮水，被推到沙滩上部，最后到达潮汐的高潮线位置。它们会继续留在那里，直到被埋进流沙，或者被狂风卷走。

从北到南，壳料堆的组成变化表现了软体动物群的演变。新英格兰北部的岩石间堆积的每一小撮碎石沙里都散落着贻贝和玉黍螺的壳。我回想起科德角那处隐蔽的海滩，在我的记忆中，一堆堆叮铃贝的外壳被潮水小心翼翼地运走，叮铃贝的片状外壳闪烁着绸缎光泽，壳很薄，是怎么起到保护作用的呢？在海滩废料中，拱形上壳的数量明显多于平坦的下壳。下壳有一个穿孔，这是强韧的足丝穿过的地方，叮铃贝便是通过这种足丝，把身体固定在岩石或另一个贝壳上的。叮铃贝的外壳有金色、银色还有杏色，在主宰北部海岸的深蓝色贻贝的衬托下，显得分外耀眼。散落一地的还有扇贝的棱纹鳍和舟螺的白色小风帆。舟螺有奇特的外壳，壳底有个小小的“半甲板”。舟螺常常与自己的同类生活在一起，由六个或多个舟螺串成链条状。舟螺在其一生中会经历两种性别，先是雄性，然后是雌性。在彼此相连的贝壳链中，雌性在链条底部，而雄性居于链条上部。

在新泽西海滩以及马里兰州和弗吉尼亚州的沿海岛屿上，贝壳的块状构造和缺乏装饰性棘突代表着更深层次的含义——近海的流沙受到岸边永不停歇的海浪影响。浪蛤靠厚壳来抵御海浪的冲击力。海滩上也散落着蛾螺的厚重装甲与钟螺光滑的圆壳。

从卡罗莱纳州开始，南部的海滩似乎只属于几种毛蚶，它们丢弃的贝壳，数量远远超过其他类别。毛蚶虽然形态各异，外壳却都很坚固，有长而直的铰链。活着时，三角毛蚶长有一种黑色的、胡须状的角质层，而海滩上死去的贝壳则没有这种东西。条纹蚶是一种色彩鲜艳的毛蚶，淡黄色的外壳上分布着红色带状条纹，也生有一层厚厚的角质层，主要生活在深海的岩石裂缝中，依靠强韧的足丝固定在岩石或其他支撑物上。虽然种类稀少，毛蚶却能将势力范围扩大到整个新英格兰地区，例如小横蚶和所谓的“血蚶”，后者是为数不多的有红色血液的软体动物，但它们主要的领地仍然是南部海岸。佛罗里达州西海岸著名的萨尼贝尔岛上能找到各种贝壳，种类也许比大西洋沿岸任何地方都要多，那里的海滩沉积物中，毛蚶约占百分之九十五。

大量的江珧出现在哈特拉斯角和瞭望角的海滩上，但它们在佛罗里达湾沿岸的数量也许更惊人。即使在冬季风平浪静的日子，我也曾在萨尼贝尔岛的海滩看到过大片的江珧。在猛烈的热带飓风中，这种外壳轻薄的软体动物几乎难逃被摧毁的命运。从萨尼贝尔岛到墨西哥湾之间约十五英里的海滩上，据估计，一场风暴就会席卷大约一百万只江珧，它们被涌上岸边高达三十英尺的巨浪撕碎。脆弱的江珧外壳在巨浪的撞击中挤在一起，碎了一地，即使那些外壳损坏不严重的江珧，也没有办法再回到大海，这便是它们的归宿。与它们共生的豆蟹却未卜先知，从江珧壳里偷偷溜出来，就像谚语里所说的——“船沉老鼠逃”。成千上万只豆蟹在巨浪中不知所措，四散奔逃。

江珧的足丝有金色光泽和非凡的质感，古代人纺的金布就取自地中海江珧的足丝，用这种材料编出的织物分量轻柔顺滑，甚至能从戒指中穿过。如今，在意大利爱奥尼亚海岸的塔兰托，仍然保留着这种古老的行当，采用天然足丝纤维织成的手套和服装，被当作新仿古玩或旅游纪念品出售。

在海滩上部的废弃物中能找到完整的、名叫“天使之翼”的海贝，样子纤巧精致，令人惊叹。然而这些纯白的贝壳，在其包裹的动物活着的时候，却能穿透泥炭或坚硬的黏土。“天使之翼”是力量最强的一类钻孔蛤，有长长的虹吸管，可以保持与海水的交流，能钻进很深的洞穴。我曾在巴泽兹湾的泥炭中挖到过“天使之翼”，也在新泽西海岸暴露在沙滩上的泥炭里发现过它们，但在弗吉尼亚州北部却很少能见到。

这种纯净的颜色，这种精妙的结构，终其一生都被埋在一堆黏土中。“天使之翼”的美丽似乎注定要先被埋藏，直到动物死后，贝壳被海浪冲刷出来并带到海滩上，才会重见天日。在黑暗的牢笼里，“天使之翼”甚至隐藏了更为神秘的美丽。在避开天敌，躲开其他生物后，“天使之翼”通体会释放出奇异的绿光。为什么会这样呢？是为了取悦谁的眼睛，还是有别的原因？

除了贝壳，海滩废弃物中还有其他一些形状和质地都很神秘的物体，例如不同尺寸的圆盘，有扁平的、角状的或壳状的，那是海螺的鳃盖。海螺缩回壳内时，鳃盖就会关闭。有些鳃盖是圆的，有些呈叶片状，还有些像细长、弯曲的匕首。不同物种的鳃盖在形状、材料和结构上各具特色。“猫眼”是南太平洋一种螺类的鳃盖，盖子一侧呈圆形，如同抛光的大理石，这对于区分一些难以辨别的物种来说，是个非常有效的方法。

潮汐的漂流物中也含有许多小小的空卵囊，各种海洋生物在其生命的头几天，都是在卵囊中度过的。卵囊的形状和材料各异，黑色的“美人鱼钱包”是一种鳐鱼的角质卵囊，呈扁平的角状矩形，有两条又长又卷的须从两端伸出。依靠这种结构，亲本鳐鱼能将受精卵囊系在海底的藻类植物上面，等幼体成熟并孵化出来后，废弃的摇篮会被冲到海滩上。带状郁金香贝的卵囊让人联想到晒干的种荚，是在主茎上挂出的一串纤细的、羊皮纸般的容器。槽蛾螺或圆头蛾螺的卵囊上有长长的螺旋线，形似太空舱，质地如羊皮纸。每个扁平的卵囊中都装着蛾螺幼体，外壳小巧精致，令人难以置信。有时，人们会在沙滩上看到有些幼体还留在卵囊里，哒哒地敲击坚硬的卵囊壁，就像干豆荚里想蹦出来的豌豆。

也许最令人困惑的事，要数在海滩发现钟螺的卵囊了，模样就像你从一块细砂纸上给布娃娃裁出的披肩。钟螺家族的成员们都有“衣领”结构，只是大小不同，外形略有差异。有些品种的钟螺边缘光滑，而有些则有圆齿状边缘。不同品种的钟螺，卵囊排列图案也有区别。这个存放受精卵的奇怪容器是由钟螺足底的腺体分泌黏液形成的，最后在壳的外面成型。卵附在“衣领”下侧，完全掩埋在沙粒之中。

海洋生物的碎片中混杂着人类入侵海洋留下的证据，比如帆桅杆、断绳子、瓶子、桶以及形状和大小各异的盒子。如果这些物体一直漂浮在海上，也会聚集海洋生物，因为它们在漂流期间，可以为那些不断寻找依靠的浮游生物幼虫提供一处坚实的依附之所。

在美国大西洋沿岸，东北风或热带风暴过后，是寻找海上漂流物的好日子。我还记得，曾经在纳格斯海德海滩上度过一个夜晚，飓风刚从海上经过，狂风仍在肆虐，浪涛汹涌。那一晚，海滩上满是小块的浮木、树枝、沉重的木板和桅杆，许多上面都长有茗荷，这是一种生长在外海的鹅颈藤壶。一根长木板上镶嵌着老鼠耳朵大小的藤壶，不算上柄的长度，浮木上的藤壶已经长到一英寸甚至更长。藤壶的大小可以用来粗略估算浮木在海上漂流的时间长短。藤壶的繁殖速度很迅速，几乎占据了浮木每一寸空间，可以想见，浮游在海中的藤壶幼虫，数量有多么庞大。它们随时准备抓住任何漂浮在水流中的坚硬物体，但令人奇怪的是，它们中没有一个能独自在海水中完成发育过程。这些长相奇特的小家伙，凭借羽毛状的附肢在水中滑行，在成年以前，它们必须找到一处可以攀附的坚硬表面。

这些长柄藤壶的生命历程与岩石藤壶极为相似。在坚硬的外壳内装着小型甲壳类动物，有羽毛般的附肢，用来将食物扫到嘴里。两者主要的区别在于长柄藤壶的外壳长在肉质茎上，而不是从牢牢固定在岩石上的平坦底部长出来的。当茗荷不需要进食的时候，就像岩石藤壶一样将外壳紧闭起来，而当它们开始捕食，同样也伴着清扫的动作，附肢会有节奏地运动起来。

我在岸边见过某种树的一根树枝，显然已经在海上漂流了很久，上面布满了大量藤壶的肉棕色茎和象牙色的贝壳，贝壳边缘呈蓝色和红色，如果宽容一点的话，我们就不难理解为什么在古老的中世纪，人们将这些奇怪的动物命名为“鹅藤壶”。17世纪的英国植物学家约翰·杰拉德基于自己的见解，对“鹅树”或“藤壶树”做出如下描述：“沿着我们英国多佛和拉姆尼之间的海岸线旅行，我发现了一根腐朽的老树干，我把它从海里捞出来，放在干燥的土地上。在这根腐烂的树干上，生长着成千上万的长长的红色囊状物……末端长着一种水生贝壳类动物，有点儿像小面具……我打开后……发现里面有个赤裸裸的活物，形状像是只小鸟，但通常情况下，小鸟都盖着柔软的羽毛，这只贝壳半张开壳，里面的'小鸟'即将滑落，毫无疑问，这便是叫作'藤壶'的生物。"显然，杰拉德富有想象力的眼睛把藤壶的附肢比作了鸟的羽毛。在此基础上，他提出了以下假设："它们似乎在三四月份产卵，五六月份变成鹅，一个月后羽毛逐渐丰满起来。"从那以后，在许多非自然史的古籍中，我们都可以看到藤壶以树木果实的形式出现，鹅从贝壳中振翅待飞。

老旧的桅杆和被海水浸泡的浮木散落在海滩上，表面布满船蛆的杰作，它们在木头上蛀出密密麻麻的长圆形孔洞。船蛆死后，什么都不会留下，除了偶尔残存一些钙质外壳的细小碎片，这表明船蛆尽管长有虫一样的细长身体，却是一种地道的软体动物。

船蛆的出现比人类早多了。人类的历史虽然不长，人口增长速度却极快。船蛆只生活在木头中，如果幼虫没能在发育的关键期找到木质材料，就会死亡。这种海洋生物对来自大陆的东西如此依赖，似乎很奇怪，令人费解。在陆地上进化出木本植物之前，也许没有船蛆存在。它们的祖先大概是像蚌蛤一样穴居在泥地或黏土里，以挖出的孔洞为根据地，掠取海洋浮游生物为食。然后，在树木进化出来后，这些船蛆的先辈们适应了新的栖息地——被河水冲进大海的森林里的树木。但它们在地球上的数量一直都很少，直到数千年前，人类开始乘坐木船航行，并在海边修建码头。船蛆在这些木质结构中大大拓展了其势力范围，而人类则深受其害。

船蛆在历史上的地位毋庸置疑。它是使用大木船的罗马人的灾难根源，祸害过善于航海的希腊人和腓尼基人，也是全世界探险家的梦魇。18世纪初，船蛆在荷兰人修筑的防波堤上泛滥成灾，威胁了当地人的生活（最早对船蛆展开细致研究的也是荷兰科学家，对他们来说，研究船蛆相当于一场生死较量。1733年，斯内利厄斯首次提出，这种动物不是蠕虫，而是一种和蚌蛤一样的软体动物）。大约在1917年，船蛆入侵了旧金山的海港。人们还没对它们的入侵有所察觉，渡轮就开始散架，码头和运货的汽车掉进了海港。第二次世界大战期间，特别是在热带水域，船蛆是一种看不见却异常强大的敌人。

雌性船蛆会把后代放在自己的洞里，直到它们发育到幼虫阶段。然后，幼虫们被放入海里，每一个小生命都藏身于两片起保护作用的壳中，看起来和其他幼小的双壳类动物没什么两样。在它们成年之际，如果能遇到木头，就一切顺利。船蛆会伸出细长的足丝作为锚线，再发育出足。紧接着，贝壳表面长出一排锐利的齿突，变成高效的切割工具。挖掘工作随即开始。在强健肌肉的帮助下，船蛆利用带齿突的外壳刮擦木头，同时不断旋转身体，直到钻出一个光滑的、圆柱状的洞穴。随着洞穴一点点延伸，木头碎屑也逐渐增多，靠着这些木屑，船蛆的身体不断生长，但有一端仍然会附着在靠近狭小入口的内壁上，这一端有虹吸管，与大海保持联系。钻孔的另一端则驮着小贝壳。船蛆在这两端之间伸缩铅笔芯一般粗细的身体，能伸到十八英寸长。虽然一块木料上可能会有成百上千条幼虫，船蛆挖出的洞却不会相互交叉。如果一只船蛆发现自己正在接近另外一处洞穴，就会掉转方向。它们一边钻孔，一边通过消化道将松散的碎木屑运出去。一些木料被船蛆消化并转化为葡萄糖，这种消化纤维素的能力在动物世界中非常罕见，只有一些海螺、昆虫和其他少数物种拥有这种能力。但船蛆很少使用这项技艺，它们还是以丰富的浮游生物作为主食。

海滩上的其他木料上会出现穿石贝的痕迹。这些穿石贝只穿透了树皮的外层，呈宽阔而光滑的圆柱状。穿石贝在这里钻孔只是为了找个新家。它们不像船蛆那样能消化木料，而主要以浮游生物为食，通过虹吸管将食物吸入体内。

空出来的穿石贝洞穴有时也会引来其他房客，正如被遗弃的鸟巢会变成昆虫的家园一样。在南卡罗莱纳州熊崖的咸水溪泥泞的岸边，我捡起一块千疮百孔的木头。曾经有壮硕的、驮着小白壳的穿石贝住在里面。穿石贝已经死去很久，甚至连壳都消失不见了，但在每个洞中都有一个黑得发亮的身体，样子像嵌在蛋糕上面的葡萄干。这是小海葵缩起的身体。在这个满是淤泥软沙的世界里，海葵需要一处坚实的落脚之地。看到海葵出现在这样一个不可思议的地方，你也许会问，海葵幼虫怎么就碰巧找到那里，刚好抓住机会住进木头上那间凿出来的整洁公寓里的呢？而你也会再次为生命的消逝而黯然神伤，因为你突然想到，一个成功找到新家的海葵背后，是成千上万个死在征途的海葵。

潮线附近的废料和漂浮物不断地提醒我们，近海有一个与陆地迥异的陌生世界。尽管我们在这里看到的不过是一些生物的茧壳和碎片，但通过它们，我们能了解生与死、运动与变化，以及洋流、潮汐和风浪对生物的搬运作用。身不由己的移民多是成年个体，大多在旅途中就会死去，只有少数能顺水漂到新家，找到适宜生存的环境，并存活下来，繁衍后代，让该物种得以延续。但是对于幼虫来说，能不能成功登岸取决于许多因素，比如幼虫期的时长，它们能否熬到冲锋的那一天，为进化为成体迈出决定性的一步？还有它们会遇到的水温和洋流，因为洋流既能把它们带到适宜生存的浅滩，也能把它们带进深海，让它们命丧黄泉。

因此，在海滩漫步时，我们会想到一些吸引人的问题，比如生物怎么占领海岸，特别是那些在茫茫沙海中出现的或真或假的岩石“岛屿”。无论是建起一道防波堤，还是码头、木桩沉入水中，为桥墩和桥梁让步，或者是岩石，它们长久以来躲在见不到阳光的地方，隐没在海水中，当它们重新出现在海底，坚硬的表面很快住满典型岩间的动物。但这些定居在岩石的动物又是如何碰巧出现在由南到北绵延几百英里的沙质海岸的呢？

思考这个问题时，我们意识到永不停歇的生命迁徙虽然大部分注定徒劳无功，但只要坚持永不放弃的精神，机会一旦出现，就会有生命做好准备，抓住机会。因为洋流并非只是水的流动，更是一条生命的河流，承载无数海洋生物的卵和幼体。水流携带着吃苦耐劳的物种们跨越海洋，或者沿着海岸线一步步进行长途旅行。水流还携带某些物种，沿一些隐藏的通道跋涉，那是沿着海底通行的冷流，冲出海面后，将居民带到新的岛屿。自从生命首次在海中出现，海水就一直在做这样的事。

只要洋流沿着固定的路线移动，就有可能，甚至肯定会帮助某个物种扩大其势力范围，占据新的领地。

在我眼中，相比其他事例，这一件最让人体会到生命力的顽强。生命力旺盛、坚定、发自内心，只为了活下去，繁衍，壮大。这便是生命的奥秘。在这场壮观的大迁徙中，大多数参与者注定要失败。少数成功者的背后，是无数牺牲的同伴，而这些少数的个体，又是如何转败为胜的呢，原因同样神秘。

|第五章|

珊瑚丛林

我在想，每个在佛罗里达群岛旅行的人，多半会对这片独特的水天世界，对碧海、蓝天以及被红树林覆盖的小岛熟视无睹。礁岛群有明显的特征。这里也许比其他地方，更能让人将对过去的回忆、眼前的现实和未来的展望紧密联系在一起。裸露的锯齿状腐蚀岩上雕刻着珊瑚的形态，代表了逝去的过往，死寂而荒凉。泛舟海上，俯瞰海底五彩缤纷的海洋花园，你可以见到一片热带丛林，郁郁葱葱，充满神秘，带着生命的蓬勃生机。而在珊瑚礁和红树林沼泽，你似乎窥见了萧瑟的未来。

这是全美国独树一帜的礁岛群，事实上，类似的海岸线在地球上也很少见。在近海水域，活的珊瑚礁在岛链边缘生长，而一些岛屿自身也是死去的古老珊瑚礁的遗迹，也许一千年前，它们的建造者曾经在温暖的海洋里生活，并一度欣欣向荣。这里不是由冷冰冰的岩石或沙子形成的海岸线，而是由活生生的珊瑚建造的，它们虽然和我们一样，有原生质构成的身体，却能将海洋中的物质转变为岩石。

活珊瑚礁只能在水温很少低于二十一摄氏度，而且绝对不能长时间低于这个温度的海域生活，因为只有在温暖的海水中，珊瑚才会分泌钙质骨骼，修建宏伟壮观的珊瑚礁结构。因此，珊瑚礁和珊瑚海岸只出现在南北回归线之间的热带地区。此外，珊瑚只生活在大陆的东海岸，因为受地球自转和风向的影响，朝极地方向移动的热带洋流会经过那里。西部海岸对珊瑚来说，没有那么热情好客，那里的洋流是来自极地深海的冰水，寒流沿着岸边，一路朝赤道漂移。

于是在北美地区，加利福尼亚和墨西哥的太平洋沿岸没有珊瑚，而西印度群岛的珊瑚却种类繁多。在南美的巴西海岸，非洲的热带东海岸，以及澳大利亚的东北海岸，情况也是如此。澳大利亚的大堡礁有长达一千多英里的生物墙。

在美国，唯一的珊瑚海岸是佛罗里达礁岛群。这些岛屿绵延近两百英里，直达西南方向的热带水域。礁岛始于迈阿密稍南、比斯坎湾入口处的沙岛、艾略特岛和老罗德岛，其余岛屿继续往西南延伸，绕过佛罗里达大陆的尖端。佛罗里达湾将礁岛与陆地分隔开，并最终形成墨西哥湾和佛罗里达海峡之间一条狭长的分界线，靛蓝色的墨西哥湾流便从这里经过。

礁岛群靠海的一侧有一块三到七英里宽的浅水区，在海底形成一个微微倾斜的平台，这里的海水深度一般不超过五英寻。一条深约十英寻、曲曲折折的鹰海峡横过这片浅海，小船能在里面航行。一道由活珊瑚礁形成的堡垒耸立在深海边缘，构成礁坪朝海一侧的边缘。

根据属性和起源的不同，礁岛群分成两组。东侧的岛屿呈圆弧状，分布在沙岛到红海龟岛之间长达一百一十英里的区域，那里是更新世珊瑚礁裸露的遗迹，在冰河时代末期，其建造者们曾生活在温暖的海洋中，并一度兴旺，而如今，珊瑚和珊瑚礁都变成了干燥的陆地。礁岛群东部有一些狭长的岛屿，覆盖着低矮的树林和灌木，与暴露在外海中的珊瑚石灰岩接壤，经由迷宫般的红树林沼泽，通向佛罗里达湾的浅水区。西侧的那组被称作“松岛”，与东侧岛屿的土壤类型截然不同，这些礁岛由起源于间冰期浅海的石灰质岩石构成，如今只是稍微露出海面。但对整个礁岛群来说，无论是由珊瑚，还是由海洋漂流物固化形成的，大海都是那位雕塑家。

从其存在的意义来说，这种海岸不仅代表陆地和海洋之间紧张的平衡关系，更有力地证明了一种在进行当中、由生命带来的不断变化的过程。这种感受，也许那些站在礁岛木桥上的人最能体会，放眼望去，几英里外的海面上，被红树林覆盖的岛屿点缀其间，一直延伸到远处的地平线。这里像一块梦幻般的土地，沉浸在辉煌的过去中。桥下，一株株细长的绿色红树林幼苗漂浮在水中，一端已经长出根须，往水下延伸，准备扎根在途中可能遇到的任何一处泥滩。多年来，红树林填补了岛屿之间的水隙，而且创造了新的岛屿。流经桥下的水流携带着红树林的幼苗，同时也为修建近海礁石的珊瑚虫送来浮游生物。这些珊瑚虫修筑起坚如磐石的堡垒，而有朝一日，这道堡垒也许会成为陆地的一部分。珊瑚海岸便是这样形成的。

要了解当下和未来，就得铭记过去。在更新世，地球经历过至少四次冰河期，那时的气候极为恶劣，巨大的冰川一路南下。每次进入冰河期，都有大量的水体冻成冰，全球的海平面因此下降。两次冰河期之间是温和的间冰期，此时，部分冰川融化成水，流回海洋，全球的海平面再次上升。自最近一次的“威斯康星冰河期”以来，地球的气候总体呈上升态势，威斯康星冰河期之前的间冰期被称作“桑加蒙间冰期”，佛罗里达群岛的历史与这一时期有很大的关系。

如今，构成礁岛群东部岛屿的珊瑚礁大概就形成于几万年前的桑加蒙间冰期。当时的海平面也许比现在高出一百英尺，海水覆盖了佛罗里达高地的整个南部。在高地斜坡东南侧的海域，珊瑚开始在一百英尺深的温暖海水里生长。后来，海平面下降了大约三十英尺，预示又一个新的冰河期开始，伴随遥远北方的降雪，海平面再次下降三十英尺，浅水里的珊瑚生长得更加繁茂，珊瑚礁不断向上提升，越来越接近海面。海平面下降，虽然一开始有利于珊瑚礁的生长，最终却会成为毁掉它们的罪魁祸首，因为处于威斯康星冰河期，北部海域冰量增加，海平面高度大幅下跌，珊瑚礁露出水面，所有的珊瑚虫都死掉了。后来，珊瑚礁虽然再次被海水短暂淹没，却无法让珊瑚虫死而复生。冰河期再次出现，除了形成如今岛屿之间位置较低的水道，珊瑚礁一直暴露在水面之上。礁石在雨水和盐雾的作用下溶解腐蚀，很多地方还能见到珊瑚岬，清晰辨认出上面的珊瑚种类。

珊瑚礁有生命，形成于桑加蒙间冰期的海里，沉积物形成了佛罗里达群岛西侧岛屿靠近陆地一侧的石灰岩。如今，佛罗里达半岛南端全都被淹没在海水中，最近的陆地远在一百五十英里外的北部。大量的海洋生物遗骸、溶解后的石灰岩，加上海水的化学反应，共同造就了覆盖在浅海海底的软泥。随着海平面的变化，软泥被压实凝固，变成质地细腻的白色石灰岩，内部含有许多形似鱼卵的碳酸钙小球，由于这个特征，人们将其称作“鱼卵石灰岩”或“迈阿密鱼卵岩”。这种岩石很快成为佛罗里达大陆南部的地基，并在最新一层沉积物的下面，构成佛罗里达湾的海床，随后岩层又上升到海面，延伸到松岛，涵盖大松礁岛和基韦斯特。在大陆地区的一些城市，比如棕榈滩、劳德代尔堡和迈阿密，都建在这种石灰岩的山脊上，海水冲刷着古老的半岛海岸线，将软泥塑造成弯曲的沙洲。“迈阿密鱼卵岩”暴露在大沼泽地里，像是表面凹凸不平的奇怪岩石，时而是突起的山峰，时而又变成溶蚀孔。修建“迈阿密小道”和从迈阿密到基拉戈高速公路的工人，至今还能回忆起他们沿途挖起这种石灰岩，把它们铺成路基的情景。

了解了过去，我们就能看到地球早期的发展模式，如今依然在重复。和那时候一样，活的珊瑚礁在近海生长，沉积物在浅海中缓慢累积，而可以肯定的是，海平面高度也在不知不觉地变化。

在珊瑚海岸外的浅滩，海水呈碧绿色，更远的海水则一片蔚蓝。暴风雨过后，或是吹过长时间的东南风后，“白水”就会涌来。随后，从海底礁坪搅起一股浓稠的、乳白色的、富含钙质沉积物的水流，从珊瑚礁间冲出。遇到这种情况，潜水镜和水肺毫无用武之地，水下的能见度比大雾笼罩下的伦敦好不了多少。

形成“白水”的间接原因是沉积物的高沉降率，这在礁岛群附近的浅滩很常见。只要从岸边踏入水中几步，就能看到有白色粉末状的物质漂浮在水中，慢慢沉到海底。海岸处处都能找到沉积物的踪迹。细粉尘落在海绵、柳珊瑚和海葵上面，堵塞并掩埋了生长速度极慢的海藻，给黑色的蜂孔大海绵覆上一层白色。蹚水的人在海水中激起一团团白云，风和强劲的水流又为它们提供动力。沉积速度快得惊人，有时，在一场风暴过后、两次潮汐之间，就能积起两到三英寸的沉积物。它们来源不同，有些来自动植物遗骸的自然分解，比如软体类的贝壳、蓄积石灰的藻类、珊瑚骨骼、蠕虫或海螺的管、柳珊瑚和海绵的骨针、海参的骨片。也有些源于海水中碳酸钙的化学沉淀。这些碳酸钙从构成佛罗里达南部的石灰岩中析出，被河流和大沼泽地的细流带回海里。

如今，佛罗里达群岛岛链几英里外便是活珊瑚礁，构成浅滩伸向海里的边缘，让人们有缘俯瞰楔入佛罗里达海峡的陡峭海槽。

珊瑚从迈阿密南部的福伊礁岩一路延伸到玛贵斯岛和龟岛，它们通常位于水下十英寻的位置，但偶尔也会上升到较浅的位置，突破海面，成为一座座近海小岛，有些还能被灯塔照到。

人们泛舟在珊瑚礁的上方，透过玻璃船底向下凝望，会发现很难勾勒出整块地形，因为视野所及的范围有限。即便熟悉海况的潜水员，也很难判断自己其实站在一座海底高山的顶峰，水流像山风一样掠过，柳珊瑚像一丛丛灌木，林立的鹿角珊瑚像一处处石林。在靠近陆地的位置，海底斜坡平缓地从山顶延伸到宽敞的鹰峡，然后继续爬升，突破水面，形成一系列低矮的岛屿，即佛罗里达礁岛群。但在珊瑚靠海的一侧，山体底部迅速下沉到深海。活珊瑚生长在约十英寻深的海水中，因为再往下潜，光线就太暗了，或是有太多的沉积物。那里找不到活珊瑚礁，而是死去的珊瑚礁的大本营，是在海平面比现在低得多的某个时期形成的。在水深达一百英寻的地方，有一块干净的岩石底层，叫波塔尔斯台地，这里生物的物种异常丰富，但长在这里的珊瑚虫并不建造珊瑚礁。海水深度在三百到五百英寻之间的沉积物堆在一处斜坡上，斜坡滑到佛罗里达海峡的谷底，是墨西哥湾暖流通过的路线。

成千上万的动植物，无论活的还是死去的，都藏身于珊瑚礁中。不同种类的珊瑚都会建造一种石灰质的小杯子，从而构成许多奇特、美丽的形态，充当珊瑚礁的基础。除了珊瑚，还有其他的建设者，礁石的空隙都塞满它们的壳或者石灰质管，不同原料的建筑石材与珊瑚岩胶合在一起。有构建管状外壳的蠕虫，也有软体类海螺，两支大军的管状壳彼此纠缠，形成庞大的构架。钙性藻类的体内含有沉积的石灰质，也成为珊瑚礁的一部分，或者大量生长在陆地一侧的浅滩上；海藻死后，身体组织会变成珊瑚沙，进而形成石灰岩。柳珊瑚也叫“海扇”或“海鞭”，软组织中含有石灰质骨针，随着时间的推移和海水的化学作用，珊瑚骨针以及来自海星、海胆、海绵和无数小生物的石灰质骨针都成了珊瑚礁的一部分。

有生物建造珊瑚礁，就有生物破坏珊瑚礁。硫海绵能把石灰质岩溶解，爱钻孔的软体动物在里面挖出一条条迷宫般的隧道，蠕虫用尖利的牙齿啃食，动摇珊瑚礁的内部结构，再加上海浪的冲击，一大片珊瑚礁很快就被攻陷，沿着朝海的一侧，滚入深水区。

整个复杂结构的基础是一种外表看似简单的微小生物——珊瑚虫。珊瑚虫样子和海葵相似，身体是一根圆柱状的双壁管，底部封闭，顶端敞开，触须像王冠一样围绕在口部周围。珊瑚虫与海葵最重要的区别，与珊瑚礁的修建有关：珊瑚虫有分泌石灰的能力，可以在身体周围形成一个坚硬的杯状体。就像软体动物的壳是由外层软组织分泌而成一样，这种硬质的杯状体也由珊瑚虫的外层细胞分泌而成。因此，像海葵一样，珊瑚虫也居住在像岩石一样坚硬的隔间里。不过，由于珊瑚虫的皮肤按照一定间隔形成朝内的一系列褶皱，而这些皮肤都有分泌石灰质的能力，所以杯状体内部也不光滑，有一些朝内的隔板，于是形成了人们所熟悉的星形或花瓣形的珊瑚骨骼。

大多数珊瑚会组建由许多个体构成的群落，不过，构成任何一个群落的所有个体，都是由同一个受精卵成熟后通过出芽的方式产生的。群落有该物种独特的形态特征，包括枝丫状、卵石状、扁平壳状或水杯状。珊瑚群落的内核是实心的，所以只在表面有活的珊瑚虫居住，根据品种不同，或疏或密地聚在一起。事实上，珊瑚群落规模越大，构成该群落的珊瑚虫个体就越小。一人多高的分支珊瑚，珊瑚虫个体大概只有八分之一英寸长。

珊瑚群落的硬质物通常呈白色，但也可能与寄生在软组织内微小的植物细胞颜色一样，两者维持互利互惠的共生关系。这种关系意味着物质的交换，植物获得二氧化碳，动物则利用植物产生的氧气。不过这种特殊的关联可能有更深层的含义。藻类的黄色素、绿色素或棕色素属于被称作类胡萝卜素的化学物质，最新研究表明，藻类中的色素可以作为“内部相关因子”影响珊瑚的生殖过程。正常情况下，藻类的存在有益于珊瑚生长，但在光线微弱的条件下，珊瑚就会通过排泄的方式来摆脱藻类的影响。这也许意味着，在弱光或黑暗中，植物的生理特征发生了变化，新陈代谢的产物包含某些有害的物质，所以珊瑚不得不对它们下逐客令。

珊瑚群落还有其他特殊关联。在佛罗里达群岛和西印度群岛的一些地方，一种瘿蟹会在活的脑珊瑚群上表面挖出炉灶形状的坑。在珊瑚生长的过程中，瘿蟹一直设法让这个半圆形的入口敞开，幼年时期的瘿蟹会通过这个出入口往返自己的巢穴，然而等它发育完全，却被囚禁在珊瑚礁里。人们对这种生活在佛罗里达的瘿蟹知之甚少，但在澳大利亚的大堡礁，有一种蟹与其习性相近，但是只有雌性个体。雄性瘿蟹的个头很小，会主动去探访关在洞里的雌性瘿蟹，后者依靠从海水中过滤有机物生存，其消化器官和附肢比雄性个体精细许多。

在珊瑚礁和近海水域，柳珊瑚异常丰富，数量甚至超过普通珊瑚。紫罗兰色的扇珊瑚在水流中舒展它们的蕾丝花边，扇状结构上布满无数张小嘴，通过微小的毛孔探出来，触须伸到水中捕捉食物。一种外壳光滑坚硬、被称作“火烈鸟舌”的小海螺常常寄居在扇珊瑚上面。淡粉红色的软膜覆盖在外壳，上面布满黑色的三角形图案。被称作“海鞭”的柳珊瑚也比较多，形成了密集的海底灌木丛，高度通常齐腰，有时也达到一人多高。珊瑚礁上的柳珊瑚呈现出丁香色、紫色、黄色、橙色、棕色和浅黄色。

结壳海绵给礁壁铺满黄色、绿色、紫色、红色的垫子，珠宝盒蛤和刺牡蛎等充满异国情调的软体动物附着在珊瑚礁上，长脊海胆给洞穴和裂缝打上深色的补丁，浅色的鱼群围绕礁石轻快地游动，而银纹笛鲷和梭子鱼像独来独往的猎人，伺机向鱼群发起进攻。

夜幕降临，珊瑚礁恢复了生机。白天，小小的珊瑚虫们一直缩在充当掩体的保护壳里躲避阳光，到了晚上，它们从每一根石质枝丫，从每一座尖塔和穹顶的外壁，将触手冠一个个探出来，开始捕食海水表层的浮游生物。当小型甲壳类动物和其他浮游生物不小心漂到或游到珊瑚枝旁边时，马上就会成为珊瑚虫刺细胞的食物。珊瑚虫的每个触手上都布满了这种刺细胞。尽管浮游生物的个体很微小，但想要平安通过枝干纵横交错的角珊瑚丛，机会却非常渺茫。

珊瑚礁中的其他生物也对夜晚和黑暗做出反应，从白天躲藏的石窟和石缝中爬出来。即便是隐身于海绵中的小虾、端足类动物和其他在海绵深处定居的不速之客，到了夜里，也会沿着黑暗狭窄的走廊爬出来，在入口处搜寻食物，顺便打量珊瑚礁外的世界。

每年都有那么几个晚上，珊瑚礁上会发生一些非同寻常的事件。南太平洋有一种出名的矶沙蚕，会在某个特定月份的某个月夜聚成一个巨大的产卵群，它还有一个名不见经传的近亲，生活在西印度群岛，或者局部分布在佛罗里达群岛的某些珊瑚礁上。在佛罗里达角、干龟群礁和西印度群岛的一些海域，人们对这种大西洋矶沙蚕的产卵过程进行过多次观察。在干龟岛上，这种矶沙蚕会在七月份产卵，通常是下弦月，偶尔也选择上弦月，但从来不在新月时产卵。

这种矶沙蚕栖息在死珊瑚岩的洞穴中，有时也占用其他生物挖的隧道，还会把岩石咬碎，自己挖洞。这种奇怪小生物的作息似乎受光线控制。尚未成熟的矶沙蚕会本能地排斥亮光，比如太阳光、满月时的月光，甚至暗淡的月光。只有在深夜最黑暗的时候，当光线没有了抑制作用，它才会从洞里出来冒险，爬出洞外几英寸，去啃食岩石上生长的植被。随着产卵季节来临，矶沙蚕身体内部开始发生明显的变化。当生殖细胞日渐成熟时，这种动物身体的后三分之一段将呈现出新的颜色，雄性是深粉色，雌性是灰绿色，而且身体的这一部分会随着卵或精子的成熟而肿胀，变得透明，头尾之间能看到一条明显的束带。

那个特殊的夜晚终于来临。矶沙蚕的身体外形已经发生了巨大变化，开始对月光做出新的反应。它们不再害怕光，也不再因为有光而把自己囚禁在洞中。相反，月光把它们引出来，参加一场奇特的仪式。矶沙蚕从洞穴中倒退出来，推着薄而肿胀的身体后部，开始一系列扭曲的螺旋动作，直到身体最薄的地方忽然裂开，每一只矶沙蚕都断成两截。这两截有不同的命运，一部分仍然留在洞穴中，重新开始在黑暗中寻觅食物的生活，而另外一部分则游向大海，成为成千上万矶沙蚕大军中的一员，加入产卵的狂欢活动中。

在这个夜晚的最后几小时里，聚集的矶沙蚕数量迅速增加，而当天色渐明，海水涌上来时，这些矶沙蚕几乎将礁石表面遮盖。当第一缕阳光出现，矶沙蚕受到光线的强烈刺激，扭曲身子并剧烈收缩，体表的薄壁爆裂开，精子和卵子都被释放到海里。排空了精卵的矶沙蚕还会疲惫地游一段时间，一些矶沙蚕会被寻找大餐的鱼群吞入腹中，其余的则很快沉到海底死去。而漂浮在海面上的受精卵会随波漂流，在深达数英尺、方圆几英亩的海水中悬浮。受精卵的内部已经开始经历细胞的分裂和结构的分化。当晚，受精卵就变成微小的幼虫，并在水中以螺旋运动的方式游泳。幼虫在海水表面大约要生活三天，然后在礁石中的洞穴里蛰伏起来，一年后，这个物种又会重复同样的产卵行为。

矶沙蚕的一些近亲也会定期在礁岛群和西印度群岛聚集产卵，身体也会发光，在漆黑的夜晚绽放美丽的焰火。有些人认为，哥伦布所写的他在10月11日晚上“登陆前四个小时，月亮升起前一个小时左右”所看到的神秘光芒，也许就来自这种“火虫”。

潮汐从珊瑚礁涌来，冲过沙滩平地，一直到岸边耸立的珊瑚岩才渐渐停歇。在礁岛群的一些岛屿上，岩石风化得很慢，外表平滑，轮廓圆润，而其他岛上的岩石则受到海水的侵蚀，表面满是粗糙的麻坑，这说明在过去的一百年间，海浪和盐雾溶解了岩石，惊涛骇浪被凝结成固体，甚至被雕琢成月球的模样。高潮线附近的珊瑚礁上布满了小洞和溶蚀孔。站在这里，我总会强烈地感觉到脚下那些死去的珊瑚，以及如今摇摇欲坠、外形模糊的珊瑚礁上，曾经有活的珊瑚虫住在里面，兢兢业业地凿出这些孔洞，而现在，所有的建设者都已经辞世，离开我们成百上千年，但它们的作品却保留了下来，那就是眼前所看到的这些珊瑚礁。

蹲在凹凸不平的岩石上，我听见空气和海水拂过岩石表面时发出的呢喃絮语。这是一种非人类的、专属于潮间世界的声音。偶尔会有生命的迹象将笼罩这片荒凉世界的咒语打破，也许是一只黑色的海蟑螂，像飞镖一样掠过晒干的岩石，消失在等脚类动物居住的小洞中。它冒险暴露在阳光以及眼神犀利的敌人面前，只是为了从一处暗穴快速跑到另一处暗穴。这种生物，珊瑚岩上有成千上万，但一直要到黑暗笼罩海岸，它们才会成群结队地出来寻找动植物碎屑充饥。

高潮线上生长的微型植物染黑了珊瑚岩，那道神秘的黑线是世界上所有岩石海岸边缘的标记。由于珊瑚岩不规则的表面和深深的裂缝，海水会顺着岩缝和凹陷流入高潮带岩石底部，因此一块黑色地带让锯齿状山峰和小孔洞的末端变得颜色暗淡，而黄灰色调的轻质岩石则位于潮线控制区以下的洼地。

蜒螺是一种外壳带粗条纹或黑白格子条纹的小海螺，群居在珊瑚礁的裂缝和孔洞中，或者在多孔隙的岩石表面休息，等待潮水给它们带来食物。另外一些在圆润的外壳上长有念珠状花纹的是玉黍螺族群。和其他螺类一样，这些念珠状花纹的海螺正试探性地朝陆地进军，它们生活在岸上的岩石或原木底部，甚至走进陆地植被的边缘。黑色的拟蟹守螺成群居住在略低于高潮线的地带，以岩石表面的藻类为食。活海螺被一种无形的力量留在潮位线附近，死去后，它们的贝壳会被寄居蟹找到并据为己有，被带到海滩低处。

这些腐蚀得严重的岩石是石鳖的家园，它们原始的外观可以追溯到软体动物的一些古老族群，而石鳖是存世的唯一代表。石鳖椭圆形的身子外面覆盖着由八块横板拼接起来的外壳，潮水退去后，刚好能嵌入岩石的凹陷中。它们紧紧地抓住岩石，背部倾斜的轮廓让惊涛骇浪也奈何不了。等潮水漫上来，它们便开始四处爬行，继续从岩石上锉刮植被，身子随着锉刀一样的齿来回摆动。石鳖每个月只挪动几英寸，由于行动迟缓，藻类的孢子、藤壶或管虫的幼虫会在它们的外壳上定居下来，并且发育长大。有时，在阴暗潮湿的洞穴中，石鳖会一只压一只地叠罗汉，每一只都可以从下面的石鳖身上刮下藻类为食。通过这种方式，这些原始的软体动物也许会变成地质变化的某种媒介。它们寄生于岩石间，跟随藻类以及岩石颗粒的细小碎屑迁移，在过去几个世纪甚至上千年间，这个古老的物种过着简单的生活，默默地为地球表面的侵蚀过程奉献力量。

在礁岛群的一些岛屿上，一种称为石磺的潮间带软体动物生活在岩间深穴中，洞口常常长满大量的贻贝。虽然石磺是一种软体动物或者说属于贝类，却没有外壳。它属于一个包括大量的陆地海螺或蛞蝓的族群，其中许多品种的外壳缺失或藏了起来。石磺生活在热带海岸，通常是受到严重侵蚀的岩石海滩上。潮水退去后，黑色的小石磺从门口冒出来列队前行，蠕动着将横在路中间的贻贝推开，通常每个洞里会有十几只石磺爬出来，和石鳖一样，它们也以从岩石上刮下的藻类植物为生。它们出现时，每一只身上都裹上了一层泥衣，看起来乌黑透亮。经过风吹日晒，小石磺的身体呈现出一种深蓝黑色，表面现出淡乳白色的光亮。

石磺似乎爱沿着随机或不规则的路径爬过岩石。在潮水下降到最低处时，它们一直在进食，即使潮水开始上升也不会停下来。在涨起的海水快要淹到它们之前的半小时左右，在水花马上会溅湿它们的巢穴之前，所有的石磺才停止进食，返回家里。虽然它们离巢的路径蜿蜒曲折，归巢走的却是直线。每个群体成员都回到自己的巢穴里，即使这意味着要翻越被严重侵蚀的岩石表面，并且还要穿越其他石磺归巢的路线。属于同一个群体的所有个体，虽然在进食过程中彼此分散，却几乎在同一刻回到巢里。是受到了什么刺激？不可能是归来的潮水，因为潮水还没有碰到它们。当海水再次拍击岩石时，它们已经安全地躲在巢穴里了。

这种小动物的行为令人费解。其祖先在几千年甚至上百万年前就已经摆脱海洋到陆地生活，是什么吸引它们又回到海边生活的呢？它们只在潮水退去时出来，而且从某种程度上看，似乎能感知海水即将归来，并且还记得它们与陆地的亲缘关系，在潮水发现它们并将其卷走之前，会抓紧时间找个安全的地方躲起来，既被海洋吸引，又排斥海洋，它们是如何变成这样的呢？我们提出这些问题，却无法找到答案。

为了确保觅食过程安全，石磺进化出了侦查和驱赶敌人的手段。背部的乳状突起对光线和掠过的阴影相当敏感，其他部位矮壮的乳突与外套膜相连，包含在乳突中的腺体能分泌一种乳白色、高浓度的酸性液体。如果突然受到惊扰，石磺就会喷出这种酸性液体，液体在空气中形成细雾，能喷到五六英寸外甚至更远，距离为石磺体长的十多倍。德国动物学家森佩尔对菲律宾的一种石磺进行过研究，认为这种双重配置是为了帮助石磺远离一种在海滩上跳跃的鲇鱼。在很多热带红树林海岸都能见到这种鱼类，它们在潮汐中跳来跳去，以石磺和海蟹为食。森佩尔认为，石磺可以监测到鱼类靠近的阴影，并排放白色的酸雾，吓退敌人。在佛罗里达州或西印度群岛其他地方，就没有这种从水中跳出来捕食猎物的鱼类。当然在石磺赖以生存的岩石上也会有蟹类和等足类动物，它们横冲直撞，很可能将石磺推入水中，因为后者无法抓牢岩石。但不管出于何种原因，石磺都将蟹类和等足类动物当作危险的敌人，一旦遇上它们，就会喷射出防御性的化学物质。

对所有生命而言，热带地区的潮间带的生存条件十分恶劣。太阳热量增加了退潮后生物暴露在空气中的危险性。一层层流动的沉积物在平地或缓坡表面淤积，阻碍了来自清爽的北方岩石上动植物的生长。新英格兰地区生活着大量的藤壶和贻贝，而在这里只是零星分布，虽然在每个岛屿的生长情况不一样，却永远达不到繁茂的地步。与北方高大茂密的大海藻林不同，这里只散居着一些小型藻类，包括各种能分泌石灰质的小海藻，无法为超出一定数量的动物提供避难所或安全保障。

小潮涨落区之间很荒凉，基本不适合居住，但这里也能发现两类生物，有一种植物和一种动物在这里如鱼得水，在别处反而不能大量繁殖。植物是一种相当美丽的海藻，形似绿色的玻璃球，聚成不规则的块状，名叫法囊藻，又称“海瓶子”，是一种绿藻，能长出充满汁液的大囊泡，与周围水体的化学成分存在某种此消彼长的关系。囊泡中所含钠离子和钾离子的比例会根据阳光的强度、海浪和其他环境条件的变化而发生改变。在悬岩下方和其他隐蔽之处，法囊藻翠绿色的球体会形成片状或块状，半埋在漂积物的深处。

珊瑚礁潮间带动物代表则是一群海螺，其身体结构与软体动物典型的生活方式形成鲜明对比。它们被称作蛇螺或“蠕虫状”海螺，其外壳并非腹足类动物常见的尖顶或圆锥体状，而是一种松散开的管状，看起来像由许多蠕虫建造的钙质管。居住在潮间带的蛇螺通常成群结队，管状外壳密密地交织在一起，形成纠缠的包块。

蛇螺的身体特征，与其他软体动物迥异的形式和习惯，是环境影响的明证。这是它们为了适应某种空间生态所做的必要准备。涨落的潮水每天两次流经这处珊瑚平台，每次都带来深海的新鲜。蛇螺以一种近乎完美的方式享用这份大餐，它们固定待在某个地方，等潮水流过时，在水中捕食。在别的海岸，藤壶、贻贝以及管虫也使用同样的方法。这并非海螺常见的生活方式，只是在适应环境的过程中，这些神奇的海螺养成了定栖习惯，放弃了典型的漫游方式。它们也不再独来独往，变成群居性动物，并且到了一种登峰造极的地步。它们生活在拥挤的社群中，外壳彼此交织缠绕，早期的地质学家将这种形态称作“虫岩”。它们放弃了海螺传统的在岩石上刮食藻类或捕食大型动物的习惯，相反，它们把海水引入身体，过滤其中微小的浮游生物。它们的鳃尖可以探出来，像渔网一样在水中捕捞，这或许是所有螺类软体动物独有的一种适应方式。这种海螺以自身为例，清楚地证明了生物体的可塑性和对周围环境的响应能力。一群群不同种类的动物都遇到过同样的问题，它们通过不同的结构进化，达到共同目的，使问题得到解决。因此，藤壶军团使用自己近亲用来游泳的附肢在新英格兰海岸的潮汐中打扫食物，成千上万的鼹蟹聚集在南部海滩的碎浪区，用触须上的刚毛获取食物，而在这片珊瑚海岸，奇特的海螺成群结队地从经由鳃尖进入体内的水流中滤取食物。功能上也许不够尽善尽美，但这种非典型的海螺已经变成适应其所处环境的完美开拓者了。

低潮带的边缘有一条由短脊钻岩海胆群形成的黑线。在珊瑚岩上的每一个小洞，每一处浅坑里都能见到它们竖起的黑色小身体。在我的印象中，礁岛群有些地方堪称海胆的天堂。在东部岛屿群某个小岛的岸边，岩石形成一处陡降的台阶，由于受到一定程度的切削，并且被侵蚀成深深的孔洞，许多洞口都露天敞开。我站在潮线上方干燥的岩石上，俯视这些以海水为地板、以岩石为墙壁的洞穴，发现有差不多二十到三十只海胆挤在一处洞穴中，而这个洞穴还不及一只容量三十五升的篮子大小。阳光照耀，洞穴里闪着绿色的水光，在光线的映照下，海胆圆滚滚的身体泛着微红的光泽，鲜艳的色泽与身上的黑刺形成鲜明对比。

再往前走几步，海底斜坡变得更平缓，也没有海沟。在这里，能在岩石上钻孔的动物们似乎已经占据了每一处有利地形，爬满每个小坑凹凸不平的底部，给人造成一种阳光阴影的错觉。我们无法肯定它们是否用的是身体下部五颗短而粗壮的牙齿在岩石上啃出了小洞，或者仅仅是利用了天然的坑洼，作为一处安全锚地对抗偶尔席卷海岸的暴风雨。出于某些未知的原因，这些钻岩海胆和分布在世界各地的亲缘物种都只生活在特定的潮位线区域，受制于一种神秘的无形力量，它们无法前往远离礁滩的地方，而其他种类的海胆却在那里发展壮大。

在钻岩海胆生活的区域附近，浅棕色的管状生物成群结队地从白垩质沉积物中钻出来。潮水退去时，它们的身体也会缩回去，隐藏起来。路过的人也许会误以为它们只是一些奇怪的海洋真菌。随着潮水归来，其动物的本性又会显露出来，纯净的翠绿色触须冠从每一根黄褐色的管子中伸出，像别的海葵类动物一样开始搜寻潮水带来的食物。它们在这里生存，依靠的是将柔弱的触手组织伸到泥灰层外，虽然通常情况下它们的管子又短又粗，但当居住地的沉积物过深的时候，它们会把自己的身体伸展得又细又长。

礁岛群岛屿通向大海的沙坡通常斜度平缓，能涉水走到大约四分之一英里外。一旦走出钻岩海胆、蛇螺和绿色、棕色的宝石海葵生活的区域，粗砂和珊瑚碎片铺成的海底便开始出现龟草的暗斑，珊瑚礁坪上也有了较大的动物栖居。块头较大的黑色海绵生长在仅能没过绵团的浅水中，小型浅水珊瑚在珊瑚礁坪上竖起粗短的枝状或半球形坚硬结构，不知什么原因，它们竟然能在纷纷扬扬的沉积物中活下来，而这对于一些大型珊瑚礁建造者们来说可能是致命的。有植物一般生长习惯的柳珊瑚构成类似棕色和紫色玫瑰的矮灌木丛，而在所有珊瑚礁的内部、中间和下面，全都活跃着热带海岸品种多样的动物群，无数的生物自由自在地在这块温暖的海洋的水域中畅游，捕猎、潜水，或是在礁坪上缓缓滑过。

单从外表来看，这些红海龟海绵又重又迟缓，根本看不出它们黑色的外表下面有什么动静。粗心的路人是发现不了任何生命迹象的，但如果他有足够的耐心，观察得足够仔细，就有机会看到海绵平坦的上表层有一些故意关闭的圆形开口，大小足以容纳一根手指。这些开口对海绵的生存很重要，即便是该物种中体型最小的，也只能在保证体内有海水循环的前提下生存。垂直的体表有一些直径很小的管道穿过，被带孔的筛板覆盖。有了这些管道，海水几乎水平地流入海绵体内，又反复分流，形成直径越来越小的管道，穿透海绵庞大的身躯，最终通向上部较大的出水孔。面粉般的沉积物将海绵乌黑的身体表面染成白色，唯有这些出水孔还呈现纯黑色，这也许是因为有朝外涌出的水流，使其不会被沉积物堵塞。

海水穿过海绵身体的时候，会在体内管道的内壁留下一层生物饵料和有机碎屑，海绵细胞会摄取这些食物，将可以消化的物质从一个细胞传递给下一个细胞，最后把剩下的食物残渣抛入水流。氧气会进入海绵细胞，而二氧化碳则会被排出。有时候，刚刚在母体内完成早期发育阶段的海绵幼虫也趁着这个机会脱离母体，顺着这股黑暗的水流奔向大海。

海绵体内错综复杂的管道、安全的住所和丰富的食物吸引了许多小动物在此生活。有些来了又走，有些则从此定居下来。红海龟海绵的长期房客中有一类被称作“枪虾”的小虾，其名称源于在捕食的过程中它们的大螯发出“咔嗒咔嗒”的声音。成年枪虾的活动范围有限，而从卵中孵化出来、依附在母体附足旁的幼虾，却可以通过海绵内的水流进入大海，在洋流和潮汐中生活一段时间，随波逐流，漂到遥远的海域。偶尔有些小虾会发现自己误入了没有海绵的深水区，但更多的幼虾会及时找到并靠近红海龟海绵庞大的黑色身躯，钻进里面，开始过起和父母一样的奇怪生活。它们在黑暗的海绵大厅中徘徊游走，试图从海绵内壁上刮取食物。当它们沿着一根根圆柱形的管道爬行时，会用自己的触须和大螯开路，就像是在感知是否有体型更大或有危险的动物靠近，因为海绵中还有别的房客，比如其他的虾类、片脚类动物、蠕虫和等足类动物，如果海绵体积足够大，房客数量会数以千计。

在礁岛群一些岛屿附近的低矮沼泽中，我曾经拨开一些红海龟海绵，听到里面的虾螯发出警报，这个小小的、琥珀色的住户急匆匆地逃到了更深处的腔室。某个退潮的夜晚，我漫步在海边时，也听见同样的声音响彻四周。几乎所有裸露的珊瑚礁岩上都有奇怪的敲打声和叩击声传来，听起来让人心神不宁，却无法找到其位置。最近的敲击声出自这种特殊的岩石，然而当我停下来想要一探究竟的时候，声音却消失了，随后又从四面八方传来。岩石就在眼前，精灵般的敲击声穿透了夜色。我从来没有在岩石中找到这种小虾，但我知道，它们和我在红海龟海绵里见到的虾差不多。每只虾都长有一个巨大的螯，几乎与身体其余部分一样长。螯上的活动指有骨钉，正好能嵌合到固定指的凹槽中。显然，当活动指抬起时，会在吸力作用下保持在某个特定位置。活动指垂下时，则需要额外的肌肉拉力来克服这种吸力，听见复位时的咔嗒声，并从凹槽中喷出一股水来。这种喷射水柱能赶跑敌人，有助于捕获猎物，因为对方也许会被突然收回的螯吓到。不管能不能派上用场，枪虾在热带和亚热带的浅水区域都数量惊人，它们不停地挥舞螯爪，水下监听装置采集到的大部分背景噪声，都拜它们所赐，水下世界到处都是它们的嘶嘶声和啪啪声。

五月初的一天，在俄亥俄州礁岛外的礁坪上，我平生第一次见到热带海兔。当时我正沿着礁坪的一侧跋涉，那里的海藻很长，而且长得异常茂盛。忽然，几只身体笨重、腿脚细长的动物吸引了我的注意，它们正沿着海藻向上爬。这种动物身体呈浅褐色，表面有黑色环状花纹，我用脚小心翼翼地碰了其中的一只，它立刻喷射出一团蔓越莓果汁颜色的液状水雾。

我第一次见到海兔是几年前在北卡罗莱纳州的海边。那是只有我小指长短的生物，正在一处石墩旁悠闲自在地寻找海藻。我把手指伸到它身下，轻轻地把它刨过来，明确了它的身份后，又将这只小动物小心翼翼地放回到海藻中，它继续开始觅食。在把自己脑海中关于海兔的画面彻底修改后，我才敢相信眼前这些热带生物就是海兔。它们似乎只存在于神话故事书中，就像是开天辟地以来第一只小精灵的亲戚。

体型较大的西印度群岛海兔主要栖居在佛罗里达群岛、巴哈马、百慕大和佛得角群岛区域。它们通常选择在近海海域生活，等到产卵季节，则返回浅滩，我就是在浅滩见到它们的。海兔将卵裹在缠绕的丝线中，系到低潮线附近的海草上。海兔其实是一种海螺，但外壳已经退化，仅仅残留了部分隐藏在软组织中的内壳，两条突起的触须很像耳朵，身体外形也像兔子，所以被称作海兔。

不管是因为奇特的外观，还是通常被认为有毒的防御性液体，长久以来，海兔在古代欧洲的民间传说、迷信甚至巫术中都占有一席之地。作家普林尼曾宣称海兔是有毒的，不能触碰，并且建议将驴奶和驴骨一起熬煮作为解毒剂。《金驴》的作者阿普列乌斯对海兔的内部解剖构造十分着迷，他曾经说服两个渔民送给他一只海兔的标本，却因此被指控操纵巫术下毒。十五个世纪过去，依然没有人敢冒险撰写解释说明海兔内部构造的文章，直到1684年，雷迪才对其构造进行了描述。那时候，公众普遍把海兔当作一种蠕虫，或者是海参，有时甚至属于鱼类。雷迪对海兔进行了正确的归类，认为它至少和海蛞蝓存在关联。在过去一百多年中，海兔的无害性已基本得到证实，不过虽然海兔在欧洲和英国的知名度不低，但在美国，由于海兔主要生活在热带水域，而鲜为人知。

海兔的默默无闻，也许是因为它们在产卵季节也很少进入潮水中。每只海兔兼具雌雄两性，可以发挥任何一种性别的功能，甚至能同时具备两性的功能。产卵时，海兔会一段段地挤出一根长线，每次大约一英寸长，通过这种持续缓慢的过程，最终排出一根长达六十五英尺的线，里面约含有十万枚卵。当这根粉红色或橙色的线完成后，海兔会将其与周围的植被缠在一起，形成一颗缠绕的卵块。海兔卵及其孵化出来的幼体有着与其他海洋生物相同的命运，许多卵会遭到破坏，被甲壳类或其他食肉动物，甚至被自己的同类吃掉，导致孵化出来的幼虫无法顺利度过浮游阶段。随着洋流，许多海兔幼虫在海中飘摇，当经历过变态阶段，成为成熟个体时，就会前往深水区，寻找能落脚的地方。随着它们向岸上逐步迁移，身体的颜色也随着食物的变化而发生改变，一开始是深玫瑰色，然后是棕色，再后来是成熟个体的橄榄绿色。有一种产自欧洲的海兔，其生命历程与太平洋鲑鱼有一种奇特的同步性。成年后，海兔开始上岸产卵。这是一场不归路，它们不会再次出现在海上，产完卵后，生命便走到了尽头。

礁坪世界居住着各种各样的棘皮动物，例如海星、海蛇尾、海胆、沙钱和海参，它们把家安在珊瑚岩中，安在流动的珊瑚沙里，安在柳珊瑚装饰的花园或海藻铺成的海底。所有这些物种都在海洋经济中发挥重要作用，海洋中的物质通过这种食物链一环环传递下去，最终又回到海洋，循环往复。有些生物则在陆地毁坏和重建的地质过程中发挥重要的作用，在它们的帮助下，岩石被磨成沙，覆盖海底的沉积物逐渐积累、漂移，经过海水分类，又重新分布。它们死后，坚硬的骨骼又为其他动物提供了钙质，或者推动珊瑚礁的修建。

在珊瑚礁的表面，长脊黑海胆沿着礁石底部挖凿洞穴。每一只长脊黑海胆都陷在坑里，脊刺朝外，如果沿着礁石浮潜，就能看到一片黑色的羽毛笔森林。这种海胆有时会在珊瑚礁坪散步，若隐若现地藏在红海龟海绵中。有时候，当发现没有必要躲藏时，它们会大摇大摆地趴在开阔的沙地上。

一只完全成熟的黑海胆身体直径可达四英寸，脊刺长十二到十五英寸。海胆是海岸上为数不多的几种有毒动物之一，据说碰到这种细长的空心脊刺，就像是被马蜂蜇了一样，对儿童或者有过敏体质的成年人来说，后果则更严重。脊刺外面的黏液显然具有刺激性或毒性。

这种海胆对环境变化很敏感。如果将手伸到海胆上方，会引发所有的脊刺朝上翻转，警惕地瞄准入侵的物体。如果将手从一侧移到另一侧，脊刺也会随着掉转方向。按照西印度大学诺曼·米利特教授的说法，海胆的神经受体广泛分布在身体各处，能接收光线强度变化所传递的消息，对光线突然减弱的反应尤其敏锐，并将其理解为受到威胁的预兆。从这种意义上说，海胆确实能够“看到”附近移动的物体。

通过某种神秘的方式，海胆与最伟大的一种自然规律联系起来：它们会在满月时产卵。在夏季的每个朔望月，月光最亮的夜晚来临时，海胆会将卵子和精子产在海水里。不管受到何种刺激，该物种的所有个体都会对此产生反应，这确保了生殖细胞能同时被释放，大自然总是会考虑物种延续的需求。

在某些礁岛附近的海水中生活着一种石笔海胆，因其短而粗的脊刺而得名。这是一种习惯独居的海胆，通常选择在低潮线附近的珊瑚岩之间或者岩石下部藏身。石笔海胆似乎是一种感觉迟钝、行动迟缓的动物，根本意识不到入侵者的存在，就算被拎起来，管足也不会做出任何反抗。它们是唯一一种自古生代以来就活在地球上的现代棘皮类动物，在数以百万年间，也没有发生多大改变。

此外还有一种长着短而细脊刺的海胆，色彩斑斓，有深紫色、绿色、玫瑰色和白色。它们有时会大量出现在铺满泰莱草的沙质海底，利用管足，用海草、贝壳和珊瑚的碎片把自己伪装起来。和许多海胆一样，它们也发挥着重要的地质作用，用洁白的牙齿蚕食贝壳和珊瑚岩，将碎屑切削下来，再经过石磨一般的消化道。在海胆体内，这些经过有机降解的碎片被切割、研磨和抛光，为热带沙滩的形成添砖加瓦。

海星与海蛇尾的群落是珊瑚浅滩的代表生物。有粗壮身体的大网瘤海星通常聚集在距近海稍远点的地方，占据了所有的白色沙滩，而独居的个体则在近海徘徊，尤其偏爱海草繁茂的地段。

一种叫“蓝指海星”的红褐色小海星有奇特的断肢习性，从断肢上会重新长出四个新肢，样子看起来像一颗“彗星”。有时这种动物会从身体中央折断，再生出来的就是六腕或七腕的海星。这种分化作用也许是幼年海星个体实现再生的一种方式，成年海星不再采用，而是通过产生卵子来繁殖。

在柳珊瑚底部的四周、海绵的内部和底部、移动的岩石底部，以及珊瑚岩的溶蚀洞中都能找到海蛇尾的踪迹。它们的腕臂细长而灵活，每一条海蛇尾都由一系列形如沙漏的“脊锥骨”构成，所以能姿态优美地蜿蜒游动。有时它们会用两条腕臂的顶端作为支点站立，其余腕臂保持弯曲，随着水流摇摆，优雅得像一位芭蕾舞演员在表演。在底层爬行时，它们会先将两条腕臂伸向前方，然后拉动身体和其余的腕臂。海蛇尾以软体动物、蠕虫和其他小型动物为食，而它们也是许多鱼类和食肉动物的盘中餐，有时甚至会成为某些寄生虫的牺牲品。海蛇尾的皮肤里寄生有一种小型绿藻，绿藻会溶解掉海蛇尾的钙质骨板，使其腕臂容易折断。还有一种奇特的小型退化桡足类动物寄生在海蛇尾的生殖腺内，它们会破坏海蛇尾的生殖腺，使其不育。

第一次见到活的西印度筐蛇尾的经历令我终生难忘。那时候，我正蹚过俄亥俄州礁岛附近齐膝的海水，忽然在一丛海藻间，发现了一只筐蛇尾，正随着海潮轻柔地摇摆。它的上表面呈浅黄褐色，下表面有淡淡的阴影。腕臂顶端的小卷须不停地搜索、探寻、侦测，看起来就像是不断生长的藤蔓在寻找可以攀爬的地方。我在旁边站了好一会儿，沉醉于它奇异而脆弱的美感。我从未想过要去“收集”它们，觉得对它们的任何打扰都是一种亵渎。最后，潮水涨了起来，我必须在海水涨得太深之前赶到别处，当我返回的时候，筐蛇尾早已消失得无影无踪。

筐蛇尾是海蛇尾和蛇星的近亲，但在结构上却有显著差异。筐蛇尾五条腕臂中的每一条都能分成“V”字形，然后再形成更细的分支，直到卷曲的触须在周围形成一座迷宫。早期的博物学家为了达到吸引眼球的效果，将筐蛇尾命名为希腊神话中的蛇发女妖“戈尔工”（Gorgons），她是一个头上长满蛇的怪物，能将人变成化石。而这种神奇的棘皮动物所属的族群也被称作“筐蛇尾科”（gorgonocephalidae）。在人们的想象中，它们的外表像“蛇一样弯弯曲曲”，但实际上却美丽而优雅。

从北极到西印度群岛，有一两种筐蛇尾生活在沿海水域，它们会潜到海面以下近一英里深的海底，那里漆黑一片。它们会在海底漫步，靠腕臂尖端的支撑优雅地移动。正如动物学家亚力山大·阿加西很久以前所描述的那样，这种动物“仿佛是踮着足尖走路，腕臂触到地面，就好像在四围搭起一处凉棚，而圆盘状的身体则构成屋顶”。它们会附着在柳珊瑚或其他海洋生物上，或者直接伸向海水。分支的腕臂如同带有细孔的网，用来诱捕小型海洋生物。在有些地方，筐蛇尾不仅数量多，还会为了某种共同的目的形成一个集体。相邻筐蛇尾的腕臂会缠绕在一起，构成一张难以挣脱的活网，能捕获所有误闯进来的小鱼。面对数以百万计贪婪的触须，小鱼们无处可逃。

想在近海处看到筐蛇尾，常常是一种奢望，但如果是其他表皮带刺的棘皮动物，比如海参或海黄瓜，情况就大不一样了。不需要走多远，就能在浅滩碰见它们。巨大的海黄瓜的外形很像蔬菜，也因此而得名。海参在海洋中发挥的作用与陆地上的蚯蚓大致相当，它们摄取沙子和泥浆，经消化后排出体外。大多数海参会用由强壮肌肉控制的钝头冠将海底的沉积物铲进嘴里，在岩屑通过身体的过程中，它们能从中摄取食物微粒。也许有一些钙质也因此被海参体内的化学物质溶解掉了。

由于海参数量庞大，再加上改造土壤的本性，对珊瑚礁和珊瑚岛附近海底沉积物的分布产生了深刻影响。据统计，在一年时间，面积不足两平方英里的区域内的海参可以消化掉大约一千吨的海底物质。有证据表明，它们对深海海底的物质也发挥同样的改造作用。海底的沉积物层层堆积，缓慢而不停歇，地质学家们可以通过这些有序的层次，了解地球过去的历史。但这些沉积层有时也会被打乱。来自某些古老的火山（比如维苏威火山）喷发的火山灰碎片也许并没有出现在代表和记录这次火山爆发的地层中，但却广泛分布于其他沉积物的覆层中，地质学家们认为这是深海海参的杰作。其他来自深海的淤泥和海底样本显示，深海海底有大量的海参，它们在海底某个区域生活一段时间，就大批迁移到另外一个区域，这种迁移并非季节性的，而是由于漆黑的深海底部食物缺乏造成的。

除了将海参当作餐桌美味的人类，海参在这个世界上很少有天敌（在遥远东方的集市上，人们称海参为“trepang”或“beche-de-mer”）。但它们有一种奇特的防御机制，在受到强烈惊扰时，便会启动。这时候，海参会剧烈收缩，体壁破裂，体内的大部分器官被排出体外。这种行为无异于自杀，但海参却能继续活下来，并再生出一套新的脏器。

罗斯·奈格里博士和他在纽约动物学会的同事们最近发现，西印度群岛的大海参（在佛罗里达群岛也有分布）能释放出世界上最强的动物毒素之一，这很有可能是一种化学防御手段。实验室研究表明，即使小剂量的海参毒素也会对从原生动物到哺乳动物的各个物种产生影响。与海参同在一个水箱里的鱼类常常会在海参排出内脏后死亡。对这种天然毒素的研究揭示了小生物们共生在一起的危险性。海参吸引来这些伙伴或共生者，其中常常包括一种叫“潜鱼”的小型珍珠鱼，它们生活在海参的泄殖腔内，而海参的呼吸运动可以为其提供源源不断的含氧水。但这种小鱼的幸福生活其实随时可能结束，因为它们生活在一种随时都可能溅出致命毒药的物种旁边。显然，这种鱼并没有进化出对海参毒素的免疫功能。奈格里博士发现，如果海参受到惊扰，与其共生的潜鱼就会被奄奄一息地冲走，即便海参的内脏其实并没有排出。

近海礁坪上到处散落着云影似的暗黑斑纹，每一块斑纹都是一丛密集生长的海草，从沙子里伸出扁平的叶片，将沙滩变得郁郁葱葱，为动物提供一处安稳的庇护所。在群岛上，海草斑块的主要成分是龟草，此外还混有海牛草和滩草。这些属于植物种群中最高级的种子植物，与藻类植物完全一样。藻类是地球上最古老的植物，生活在海水或淡水中，而种子植物开始在陆地上生活也只是六千万年的事，如今生活在海中的种子植物，是那些从陆地回归到海洋的远古植物的后裔，但具体是怎么回归的，为何要回归，没有人能讲清楚。现在，它们生活在被海水覆盖的地方，在水下绽放花朵，花粉能防水，种子成熟后脱落下来，随潮水流走。它们在沙子和流动的珊瑚碎屑里扎根，与无根的藻类植物比起来，这些海草获得了更坚实的固着点。生长茂盛的海草能帮助固定陆地上的沙丘，防止近海沙滩上干燥的沙子被风吹走。

在长满龟草的岛上，许多动物找到了食物和住所。体型巨大的网瘤海星就生活在这里，同伴还包括有粉红色的女王凤凰螺、驼背凤凰螺、郁金香带贝、冠螺和酒桶螺。一种奇特的、身上披有鳞甲的角鱼会在水底游弋，穿过有海龙海马出没的海草丛。小章鱼躲在草根之间，它们在遇到追击时会俯冲进沙子深处，消失在视野中。草坪下的草根间还生活着其他不同品种的小生命，它们住在凉爽的阴影深处，只有当夜晚来临时，才在黑暗的掩护下出来活动。

但在白天，如果你涉水走去海草斑块，透过水下观测镜观察，或者在颜色较深的斑块上方浮潜时，透过潜水镜，可以看到许多胆子大的动物仍在活动。人们很容易在这里找到熟悉的大型软体动物，海滩常常会出现它们死后的空壳。

海草中生活着女王凤凰螺，在古代，家家户户的维多利亚式壁炉上都摆有凤凰螺，即使现在，佛罗里达州公路旁上百家旅游纪念品商店的橱窗里也有它们的身影。由于过度捕捞，如今，佛罗里达礁岛群的女王凤凰螺已经十分罕见，人们主要从巴哈马进口这种螺，用来制作贝雕。由于生物与环境缓慢地产生相互作用，在经历无数代后，这种螺的外壳厚重而坚实，锋利的尖顶和重甲螺纹也大大提高了它们的防御能力。女王凤凰螺是一种机警而敏感的动物，尽管外壳笨重，身体庞大，却能以一种怪异的跳跃和翻筋斗的方式在水底移动。也许是长在细长管状触须顶端的眼睛大大提高了它们的警觉性。毫无疑问，眼睛移动和转动方向，表明它们收到了关于周围环境的信息，并传送到类似于大脑功能的神经中枢。

虽然女王凤凰螺的力量大、警觉性高，完全适应掠食者的生活，但它们却是一种食腐动物，很少捕食活的猎物。它们天敌很少，即使有也对它们无可奈何，但女王凤凰螺确实会与其他动物形成奇特的联盟关系，有一种小鱼习惯生活在它们的套膜腔里。女王凤凰螺把身子和所有的触手都缩进壳内时，空间所剩无几，却足以容纳一英寸长的天竺鲷。遇到危险的时候，鲷鱼会冲进女王凤凰螺贝壳深处的套膜中，当螺缩回外壳，闭上镰刀形的壳盖，鲷鱼就会被暂时囚禁起来。

而对于其他想要进入壳里的小生物，女王凤凰螺就没那么大方了。许多海洋生物在洋流中孵化的卵、蠕虫的幼虫、小虾、小鱼，或者是非生物的颗粒，比如沙粒，可能会游进或漂进贝壳里，并在壳壁或幔上栖居，对海螺产生一种刺激。对此女王凤凰螺会产生一种古老的防御反应，即隔离异物，让壳内柔嫩的组织免遭刺激。外套膜腺体会分泌出珍珠母，将外来物一层层包裹起来，珍珠母的成分与贝壳内壁相同，用这种方式，粉红色的珍珠会在壳内形成。

游泳的人在龟草上方慢悠悠地游过时，如果有足够的耐心和观察力，就能看见住在珊瑚沙上的其他生物，比如一些又薄又平的“叶片”，从海底向上伸展，随波荡漾，涨潮时斜向岸边，退潮时斜向海中。如果他的眼力足够好，就会发现有一片无论形状、色彩还是运动方式都与草叶极为相似的“叶片”居然离开了沙子，游进海水里。这张“叶片”就是海龙，是一种身体纤细窈窕的骨环生物，看起来一点也不像鱼类。它们会在海草间缓慢而从容地游动，身子有时垂直，有时水平。海龙小巧的头部长有长长的骨鼻，可以插入龟草叶丛或根里探查，就像鱼类搜寻可以食用的小动物。捕猎时，它的脸颊突然快速膨胀，随后一只小型甲壳动物就被吸入管状的嘴，像人类用吸管喝苏打水一样。

海龙以一种奇特的方式繁衍后代，在交配过程中，雌海龙会把受精后的卵子放在雄海龙的育儿袋里，受精卵会在那里孵化成熟。海龙的幼体装在雄海龙的育儿袋中，由雄海龙负责抚养长大。即使幼体们已经长大，能在海中自在遨游，遇到危险时，小海龙还是会一次次躲进育儿袋里。

海马是另一位住在海草中的居民，伪装非常高明，只有最锐利的眼睛才能捕捉到休息中的海马，拿灵活的尾巴夹住一片草叶，瘦小的身体斜躺在水中，样子与植物没什么分别。海马的全身包裹在一层由环环相扣的骨板组成的盔甲里，而非常见的鳞片结构，这似乎是一种进化，历史可以追溯到鱼类需要依靠厚重的盔甲来保护自己免遭敌人伤害的时期。这些相互咬合的骨板边缘长成了脊线、球形突出和棘状突起的形式，最终打造出这种富有代表性的表面图案。

相比扎根的海草，海马更喜欢生活在漂浮的海草中，并因此成为稳定向北漂移的动植物群的一部分，跟随无数海洋生物的幼虫进入大西洋，向东漂到欧洲，或者进入西印度群岛东北部的马尾藻海。在墨西哥湾暖流中，航行的海马有时会和它们所依附的马尾藻等海藻一同被风或洋流冲上大西洋南部的海岸。

所有住在龟草丛中的小型居民都会形成与周围的环境一致的保护色。我曾经从中捞起一把龟草，发现在纠缠的草叶里藏有几十种不同的小动物，每一种都带着令人惊叹的亮绿色。有绿色的蜘蛛蟹，长着有关节的长腿，也有草绿色的小虾。最奇妙的要数几只角鱼的鱼苗。人们经常会在高潮线附近找到这种角鱼的遗骸碎片，和它们的前辈一样，这些小角鱼包裹在骨质外壳中，头和身体无法运动自如，伸出鳍和尾巴是唯一能活动的部分。从尾巴尖到往前突出的牛角，从头到脚，这些小角鱼都与所生活的草地一样绿。

尤其在礁岛群间的海峡，那里的浅滩铺满了海草，隔三岔五就有几只从外堡礁来的海龟造访。玳瑁慢悠悠地游向大海深处，很少爬回陆地，但绿海龟和赤蠵龟却经常游到鹰峡的浅水区或佛罗里达群岛之间潮水湍急的水道。海龟爬上草地浅滩时，通常会去寻找那些栖居在草丛里、胀鼓鼓的海胆，有时还会捕食海螺。对海螺来说，除了它们自己的同类，没有比大海龟更危险的敌人了。

然而，不管游得有多远，产卵季节到来时，赤蠵龟、绿海龟或玳瑁都必须返回陆地。珊瑚岩或石灰石质的岛屿上没有适合产卵的地方，但在龟岛群的沙质岛屿旁，绿海龟和赤蠵龟会从海里现身，像史前巨兽一样在沙中挖掘巢穴，将卵埋入其中。海龟的主要产卵地是黑貂角和佛罗里达州以及更远处北方的佐治亚州、卡罗莱纳州的一些沙滩。

如果说大海龟到海草甸寻找猎物是偶尔为之，各种海螺则日复一日地在海草中捕食，既自相残杀，又冲着贻贝、牡蛎、海胆和沙钱下手。海螺中，最凶猛的掠食者是深红色、纺锤形的马海螺。你只有亲眼见到它们进食，才能体会它们有多么强大。当它们张开砖红色的外壳，将巨大的躯体压在猎物身上时，你简直无法相信，这么多的肉还能缩回壳里去。即使被称作"螺类杀手"的皇冠螺也无法与之匹敌。在美国，还没有其他腹足类动物能长到马海螺那么大的个头，一英尺长相当普遍，较大的个体能长到两英尺。酒桶宝螺也是马海螺的受害者，常以海胆为食。然而，我在海螺的栖息地转悠时，却对这种无情的杀戮毫无觉察。那时候是白天，海螺们填饱了肚子，都在打瞌睡，绿色的海草世界一派祥和。一只海螺在珊瑚沙滩上滑行，一只海参缓慢地在草根间挖坑，黑色的海兔们敏捷地在过道里穿行，这些是唯一能见到的生命运动迹象。白天，生命都躲了起来，藏在岩石的裂缝和角落里。动物在海绵、柳珊瑚、珊瑚或空贝壳的掩护下爬行。在岸边的浅水区，许多生物必须避开阳光的直射，因为光线不仅会刺激到它们敏感的组织，还会将其行踪暴露给捕食者。

这里看似死气沉沉，只生活着一些行动迟缓或者根本就不爱动的生物，但当白昼结束时，这里突然就恢复了生机。黄昏来临，我在礁坪上徘徊，一个陌生的、充满紧张和惶恐的新世界取代了白天的安宁祥和。随后，猎人和猎物陆续登场。身披尖刺的龙虾从藏身的大海绵下偷偷溜出来，迅速游到开阔的水域。灰色的鲷鱼和梭鱼在海岛之间的水道逡巡，如飞镖一般没入浅滩。海蟹从藏身的洞穴里探出脑袋，形状不同、大小各异的海螺从岩石底下慢悠悠地爬出来。我蹚水朝岸边走去时，一路都激起一阵骚动，水面上的漩涡和若隐若现的影子，都让我强烈地感受到弱肉强食的古老定律。

夜里，船泊在小岛间，我站在甲板上仔细聆听，听见有大型动物在附近浅滩溅起水花的声音，又或许是什么大型物体在拍击水面，听起来像刺鳐一次次跳出水面又落下。在夜里活跃的动物中有一种针鱼，体型纤长，身体强健，长着一只尖尖的喙，看起来更像是一只鸟。白天，可以在码头和海堤附近见到这种针鱼，它们通常出现在距离岸边很近的地方，像稻草一样漂浮在海面。夜晚来临时，游向外海的成年针鱼会跑到浅滩觅食，有时是一两只，有时成群结队。它们跃出海水，沿着水面滑行，在寂静的夜里，很远就能听见它们的喧哗声。渔民说针鱼有扑向亮光的习惯，如果晚上一个人独自驾着小船去针鱼出没捕食的地方，如果想活命的话，就千万别点灯，因为针鱼会奔着亮光越过船舷扑上来。这个说法有一定道理，在佛罗里达礁岛的某些地方，夜深人静时，当探照灯的光束打在海面，即便听不到有鱼出没的动静，也常常会有十几条甚至更多大鱼跃出水面溅起的水花声。不过，这种鱼跃起的角度通常与光束形成直角，鱼儿们似乎是想要逃离这束光照亮的区域。

珊瑚海岸是近海珊瑚礁被海水淹没的地方，也是浅礁坪的边缘。这里也是由红树林构成的宁静而神秘的绿色世界，不断变换着造型，充分证明了生命的力量足以改变其所处的世界。珊瑚占据了佛罗里达礁岛靠海一侧的边缘，而红树林则控制了港湾或海湾，甚至有许多小岛已经被红树林完全覆盖。红树林延伸至海岸的外沿，缩短了岛与岛之间的距离，在原本只有一处浅滩的地方建起一座岛屿，在海洋中建造出了陆地。

红树林是植物王国派到远方的移民，不断地把幼体送出去，在几十英里、几百英里，甚至上千英里外建立起一个又一个新的定居点。在美国的热带海岸和非洲西海岸生长着同一种红树林，也许美国的红树林是很久以前从非洲漂洋过海搬来的，也许类似的迁徙仍在悄无声息地继续进行。这些红树林是如何抵达美国太平洋热带海岸的呢？这是个有趣的问题。合恩角附近并没有持续的洋流将其带来，而且由北向南的寒流也是一大阻碍。没人知道这些红树林最早是什么时候出现在这里的，化石记录只能追溯到新生代时期，而分隔大西洋与太平洋海水的巴拿马山脊早在中生代末期就已经形成。但无论如何，红树林通过某种方式顺利抵达太平洋海岸，并且定居下来。而它们随后的迁徙途径也同样神秘。它们肯定将幼苗送入了太平洋洋流，因为至少有一类美国红树林品种出现在了斐济和汤加群岛，甚至还漂到了椰岛和圣诞岛一带。还有一些红树林作为新的殖民者，出现在被1883年火山喷发摧毁的喀拉喀托岛上。

红树林属于植物中最高等的一类——种子植物，是最早出现在陆地的植物，也是植物学中“返海现象”的典型代表。哺乳动物中的海豹和鲸鱼也存在类似的返祖现象。海洋中的一些水草甚至比红树林走得更远，已经能永久地生活在海水中。但是，它们为什么要返回咸水中呢？也许是因为红树林或者它们的祖先在与其他物种的竞争中失败，被迫退出了过于拥挤的栖息地。不管出于何种原因，如今它们已经成功地入侵海岸地区，并且在这样一个充满艰难险阻的世界建立了属于自己的根据地，再也没有其他植物能威胁到它们的统治地位。

当长长的绿色幼苗从母树上悬垂到沼泽地上时，一棵红树的传奇历程便展开了。这种情况也许发生在低潮期，那时，海滩上的水已经退去，幼苗落在一片纠缠的树根中，等待潮水下一次回归，好让它浮起来，漂向大海。佛罗里达州南部海岸每年都会有成千上万的红树苗，但只有不到一半会留在母树附近继续生长，其余的都漂到了海上。幼苗的浮力结构使其可以保持在水面，随洋流一起流动。它们也许会在海上漂流好几个月，在经历日晒雨淋的摧残后，依然能够生存下来。一开始，它们平躺在水里，但随着树龄增长以及组织的发育，适应新的生活方式后，逐渐与海面垂直，发育成根的一端朝下，做好了与土壤接触的准备。未来的生存取决于此。

在红树幼苗漂洋过海的旅途中，可能会停留在由海浪冲来的泥沙一点点堆积而成的小浅滩上。潮水将红树幼苗冲到浅滩上后，树苗朝下的尖端会触到沙子，插进沙面，固着下来。随后，潮水涨涨落落，树苗插入沙土更深。再后来，会有更多的红树在附近扎下根来。

红树幼苗一旦定居下来，就开始迅速生长，长出一层层的树根，并向下伸出形成一圈支撑根。纠缠不清的根须中夹杂着各种各样的碎片，比如腐烂的植物、浮木、贝壳、碎珊瑚、连根拔起的海绵和其他海洋生物。一座岛屿就此诞生。

红树苗需要二三十年时间才能长成大树。成年的红树林可以抵御相当强的风浪冲击，或许只有飓风才能将其摧毁。但这种飓风往往要很多年才会遇到一次。有了支撑根，风浪无法将红树林连根拔起，但风暴潮会高高地冲上海岸，把外海的咸水灌进红树林内部。树叶和小树枝会被剥离带走，如果风浪足够猛烈，连树干和树丫都会被撼动，树皮也会被剥落，一片片被大风吹走，裸露的树干暴露在高浓度的盐水中。佛罗里达州海岸边缘的一些红树“幽灵森林”就是这样形成的。但类似的灾难很少发生，佛罗里达州西南部所有岛屿上的红树林，在成长的过程中便没有遭受过什么大的干扰。

长在边缘的红树林浸泡在海水中，向后延伸到林木构成的幽暗沼泽中，粗壮扭曲的树干充满神秘的美感，缠绕的树根和深绿色的树叶编织出一层密不透风的林冠。红树林与它生长的沼泽共同形成一个奇异的世界。涨潮时，潮水漫过最外层红树的根部，渗透进沼泽地里，带来许多小移民，比如海洋浮游生物的幼虫。随着时间的推移，大部分移民在这里找到了适宜自己生存的环境，并建立起自己的家园。有些居住在红树的根或树干上，有些则定居在潮间带的软土中，还有一些在近海海湾里安了家。红树林也许是唯一生长在这里的种子植物，其他动植物都凭借某种生物纽带，与红树林休戚相关。

在潮汐区，树林的支撑根上嵌满了牡蛎，这种牡蛎的外壳有手指状突起，可以帮助它们抓牢这些坚固的支撑根，避免掉入身下的泥浆。夜里潮水退去后，浣熊爬下树根，在泥地留下一串脚印，在树根间穿梭，寻找牡蛎壳里的美食。皇冠螺也靠捕食这些红树林牡蛎为生。招潮蟹们在泥里挖出隧道，当盐潮上涨时，便躲藏在隧道深处。这种螃蟹因其雄性个体有一只巨大的螯，形似“小提琴”而闻名，它们不停地挥舞大螯，既进行信息交流，也作为防御武器使用。招潮蟹从泥沙表面捡拾植物碎片为食，雌性招潮蟹长有两只勺爪用于进食，而雄性只有一只。招潮蟹的进食活动可以有效地疏通泥浆，泥浆里含有丰富的有机碎屑，却缺乏氧气，而红树林必须依靠埋在土里的气根来呼吸氧气，招潮蟹在泥土中的活动能将空气带入泥浆中，有助于红树林的成长。海蛇尾和一些奇怪的穴居甲壳动物也住在红树根部，鹈鹕和苍鹭则在高处的树枝上找到栖息和筑巢的地方。

在红树林海岸，一些软体动物和甲壳动物的先遣队已经学会了摆脱海水，前往陆地生活。在红树林和沼泽里，一些涨潮时会被海水漫过的海草根部区域，有一种小海螺正努力往陆地迁移。它们叫咖啡豆螺，是一种身体短小、长有卵形贝壳的小生物，身体颜色会随着环境变化而呈现出绿色或棕色。潮水上涨时，这种小海螺会爬上红树林的根或海草的茎干，尽量避免接触到海水。其他螃蟹也开始进化出适合陆地生活的形态。长着紫色蟹爪的寄居蟹居住在高潮线以上的废弃物区，那里的岸边长着陆地植被，而到了繁殖季节，它们又会回到大海。成百上千的海蟹潜伏在原木和浮木底下，等待产卵，雌性会把卵搁在身下，做好孵化的准备。时机来临时，海蟹们会冲到海里，把幼体释放到祖先们曾经居住的海水中。住在巴哈马群岛和佛罗里达州南部的大白蟹，其进化旅程已接近尾声。它们是能直接呼吸空气的陆地居民，似乎切断了所有与海洋的联系，但每年春季，白蟹会像旅鼠一样列队奔向大海，去生出它们的幼崽。新一代的白蟹在海上完成它们的胚胎生活，又从水中出来，寻找它们父母在陆地的家园。

这片由红树林造就的沼泽林，向北绵延数百英里，从佛罗里达州南端一路沿着墨西哥湾到达貂角北部，途经万岛群岛。这是世界上最大的红树林沼泽，狂野不羁，人迹罕至。从红树林上空飞过，你能看见万物是如何生生不息的。俯瞰下去，万岛群岛呈现出一种特别的形状和结构，地理学家将其描述为一群向着东南方向游泳的鱼，每一座鱼形岛屿在其膨大的一端都有一只水做的“眼睛”，所有的小“鱼”头都朝向东南。在这些岛屿出现之前，有人也许会以为是浅海的微波将海底的沙子堆成了小山脊。伴随红树林的到来，小山脊变成了岛屿，用绿色的森林固定了岛屿的形态和发展趋势。

如今，通过几代人的观察，可以看出有些小岛已经合并为一个，还有些陆地延伸出去与岛屿连接，就在我们眼底，海洋变成了陆地。

未来的红树林海岸会是什么样子？根据其过去的演变历程，我们可以大胆预言，如今有海水和分散岛屿的地方将会变为一块广袤的陆地。但这只是猜测，不断上涨的海平面也许会书写不同的历史。

与此同时，红树林仍在不断扩张，在热带的天空下默默地、一英里又一英里地扩大它们的地盘，牢牢地扎下根，抛下一株又一株幼苗，将它们送入海里，跟随潮汐漂流远航。

在静谧的夜晚，潮水不断涌向岸边，击碎洒在海面的皎洁月光。生命的脉动在礁石上跳跃，数以亿计的珊瑚从海洋中获取生存的必需品，通过旺盛的代谢作用，将桡足类和海螺的幼虫以及蠕虫转化为自己身体的构成物质，因此珊瑚才得以生长、繁殖、出芽，每个微小的生物都在为珊瑚礁的形成添上一砖一瓦。

岁月流逝，几百年的时光融入了永不间断的时间洪流中，珊瑚礁与红树林沼泽的建筑师们共同构建了神秘的未来。但无论珊瑚礁，还是红树林，都无法决定何时将它们所建造的世界变为陆地，又何时会重归大海。能够决定这一切的，只有海洋自己。

|第六章|

浩瀚大洋

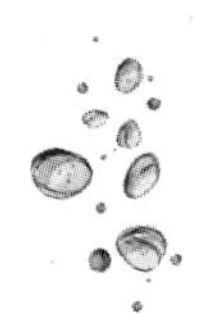

此刻，我听见身旁传来海浪声。夜晚的高潮正在上涨，就在我书房的窗下，哗哗的海水打着漩儿敲击着岩石。浓雾从开阔的外海漫进海湾，浮在水面，游走在陆地边缘，渗入云杉林，并偷偷溜进杜松和杨梅林。动荡不安的水面和寒冷潮湿的雾气构成一个白茫茫的世界，人类在这里就像冒昧的入侵者，大海的力量与威胁似乎近在咫尺。这时，有人拉响雾号，号声划破静谧的夜空，像是在宣泄对雾气的不满。

我一边听着涨潮的水声，一边在想，其他海岸的雾是怎样的呢？要知道，在南部海滨，涨潮时是不起雾的。月光给波浪都染上一层银色的光泽，也给潮湿的沙地洒上柔和的光，而在更遥远的海岸上，洋流正冲击着被月光照耀的尖石阵和黑乎乎的珊瑚岩洞穴。

随后我回过神来。这些海滨虽然外表迥异，所居住的动植物也不尽相同，却都是被同一双海洋巨手化为一体的。我所感受到的差异，只是某一刻的差异，而我们身处永恒的时间洪流中，海潮周而复始。我脚下这片岩石海岸曾是一块沙地，后来海平面上升，形成新的海岸线。在模糊的未来，也许海浪会将这些岩石磨成沙砾，使其重归大海，恢复最初的状态。在我眼中，这些海岸不断合并、交融、移动，像万花筒般绚烂，没有终点，变幻莫测。沙土就像海洋一样，流动自如。

海岸是过去与未来的回声，也是时间的回声。沧海桑田，却依然留下诸多痕迹。大海一如既往地恪守运动的规律，产生潮汐、海浪和水流，不断地塑造、改变、支配着周围的世界。海岸是生命的回声，像洋流一样勇往直前，从遥远的过去，流向未知的将来。在时光中，海岸不断发生变化，生命的方式也在不断改变，永不止步，年复一年，万象更新。每当海上形成一处海岸，生命的潮流便汹涌而至，寻找立足点，建立定居地。因此，我们可以将生命视作海洋，两者都拥有一股强大的力量，如海上的风暴一样真实存在，像上涨的潮水一样势不可挡，不回头，也不改变路线。

凝视着欣欣向荣的海岸，我们会感到一丝不安，因为生命的真理并不在我们掌控之中。在夜晚的海水中闪烁着微光的砂藻群，究竟释放出什么信号？海浪下，每一只躲在壳里的藤壶都找到赖以生存的食物，这些将岩石染成白色的藤壶又传达了怎样的讯息？那些住于海岸岩石和海藻间的蝇藻，数量以亿万计，体型微小，像一团透明原生质的“海蕾丝”，它们存在的意义又是什么？诸多的疑问围绕着我们，又永远躲避我们，而在不断追寻答案的过程中，我们离揭开生命的奥秘又近了一步。

附录：形形色色的海洋生物

原生植物、原生动物：单细胞动植物

细胞生命最简单的形式是单细胞植物（原生植物）和单细胞动物（原生动物），不过其中也有一些无法简单归入某一类别，因为它们既表现出动物特征，也表现出明显的植物特征。甲藻类就属于这种无法定性的群组，动物学家和植物学家们对它们的类别各执一词。尽管有些甲藻类不用显微镜就能看到，但大多数甲藻类物种个头都很小。有些甲藻类的外壳上会有棘突和精致的花纹，有些则长着一个突出的、眼睛一样的感觉器官。作为某些鱼类和其他动物的食物来源，甲藻类生物在海洋中占有非常重要的地位。夜光虫是沿海水域个头较大的甲藻类生物，夜里发出明亮的磷光。雪球藻的色素细胞十分丰富，白天将沿海水域染成红色。其他一些物种则是“赤潮”现象的罪魁祸首，“赤潮”发生时，海水变色，海洋中鱼类和其他动物会死于这些微小细胞释放的毒素。高潮池中的红色或绿色浮渣，俗称“红雨”和“红雪”，便是这些物种或绿藻（尤其是雪球藻）大量聚集而成的。大部分的磷光或大海“燃烧”现象都是由鞭毛藻引起的，它们不会形成较大的亮斑，而只是产生一种均匀的散射光。如果仔细观察，在盛满水的容器中就能发现这种光原来是由微小的火花构成的。

放射虫是一种单细胞动物，其原生质外包裹有一层美丽的硅质壳。这些微小的贝壳沉到海底聚集，形成带有典型特征的淤泥或是海底沉积物。有孔虫是另一种单细胞动物。大多数有孔虫都带着石灰质的外壳，有些也会利用沙粒或海绵骨针打造防御性结构。这些贝壳最终会漂流到海底，钙质沉积物覆盖了大片地区，随着地质变化，会被挤压成石灰石或白垩，然后升到海面以上，并最终形成如今英格兰白垩悬崖的地貌。大部分有孔虫个头都很小，一克沙子里可能包含多达五万只有孔虫。还有一类叫货币虫的古生物种，有时会长到六七英寸，北非、欧洲和亚洲均能找到由它们形成的石灰岩层。这种石灰石曾被用于建造狮身人面像和大金字塔。在石油业中，有孔虫化石常常被地质学家们用作寻找含油岩层的线索。

硅藻在希腊语中的意思是“一切两半”，是一种微小的植物，由于含有叶黄素，常常被归入黄绿藻类。硅藻通常以单细胞或细胞链的形式存在。活的硅藻组织包裹在二氧化硅外壳内，其中一半像盒盖一样嵌合在另一半上。硅藻外壳表面由于蚀刻而形成美丽的图案，很多物种都有类似的特征。大多数硅藻生活在外海，分布广泛，是海洋中最重要的一种食物，不仅浮游生物，连许多大型生物，比如贻贝和牡蛎，都以它们为食。硅藻死后，坚硬的外壳会沉到海底，并在海底的广大地区堆积形成硅藻泥。

蓝绿藻是最简单、最古老的一种生命形式，是地球上现存最古老的植物。它们分布广泛，在温泉以及其他条件极端恶劣的环境中也能见到它们的身影。蓝绿藻经常大量繁殖，使池塘和其他静水表面形成一层被称作“水华”的着色膜。大多数蓝绿藻覆盖着一层凝胶状鞘，能保护它们免遭严寒酷暑伤害。它们是岩石海岸高潮线上

“黑色地带”的典型代表。

藻菌植物：等级较高的藻类

绿藻类能忍受强光照射，在潮间带高处长得特别茂盛，其中不乏我们所熟悉的一些品种，比如多叶的海白菜，以及生活在岩石高处和潮池中被称作浒苔的“肠管状”藻类。热带地区最常见的一种绿藻是帚状枝，会在珊瑚礁表面形成一片小森林，而美丽的伞藻则像颠倒过来的小蘑菇，有最纯净的绿色。作为钙质集中器，热带绿藻在海洋中发挥着重要作用。绿藻是典型的热带海洋植物，但在阳光强烈的海岸上也能找到它们，而其他一些藻类植物则生活在淡水中。

褐藻类含有多种色素，多得将叶绿素掩盖起来，因此普遍呈现棕色、黄色或橄榄绿色。它们无法忍受持久的高温和强烈的阳光，所以除了深水中，在温暖低纬度地区，人们几乎见不到它们的踪迹。但热带海岸的马尾藻却是个例外，它们会顺着墨西哥湾暖流往北漂移。岩藻生活在北海岸的潮线之间，而海带则从低潮线一直延伸到海面下四十到五十英尺的区域。所有藻类都会从海水中选择并聚集不同的化学物质，其中褐海藻类，尤其是海带，能储存相当量的碘。以前，海带曾被广泛用于制碘工业，而现在，海藻则多用于生产碳水化合物、藻胶、防火纺织品、果冻、冰淇淋、化妆品以及各类工业制品。海藻酸的存在，让海藻有较好的韧性，可以抵御巨浪。

红藻类是所有海藻中对光最敏感的一种，在潮间带，只生长有少数耐寒品种，比如爱尔兰苔藓和红皮藻，其余大多数精致优雅的海藻都生活在潮间带低水位线以下的区域。某些海藻住得比其他藻类深得多，可以达到海面下两百多英寻的幽暗区域。一些珊瑚状动物在岩石或贝壳上形成掌状红皮藻的坚硬外壳。红皮藻含有碳酸镁和碳酸钙，在地球每一个地质发展阶段都起到重要化学作用，例如帮助形成了富含镁的大理石。

海绵动物门：海绵

海绵属于多孔动物门，是最简单的一类动物，由多个细胞聚合而成。不过它们比原生动物更进一步，细胞开始有了内外层之分，这预示着功能的专门化，有些用于取水，有些用于觅食，有些用于再生。所有这些细胞聚合在一起，协同工作，完成海绵唯一的目的，即让海水通过身体的筛孔。每一条海绵都是一套复杂精细的运河系统，在纤维或矿物质构成的基质中有很多小入水孔和大出水孔。和一种叫鞭毛虫的原生动物类似，海绵身体最深处的腔内衬有鞭毛细胞，汲水时，鞭毛细胞的鞭毛产生细小的水流，流过通道时，会把食物、矿物质和氧气输送给海绵，并将废弃物带出体外。

在某种程度上，海绵动物门中每个较小的种群都有特定的外表特征和生活习性，不过相比其他动物，海绵似乎适应环境的能力更强。海浪袭来时，它们的外壳呈扁平，看不出是一种动物，而在深水的静流中，则像一根根直立的管子，或是像灌木林一样分出枝丫。但靠它们的外表，有时很难辨别。对海绵的分类主要依据其骨架的性质，这是一种被称作骨针的松散硬质网格结构。一些海绵的骨针是钙质的，另外一些则是硅质的。由于海水中只含有微量的二氧化硅，海绵必须具有强大的筛选功能，才能获得足够的二氧化硅来形成骨针。从海水中萃取二氧化硅的功能仅限于原始生命，比海绵高等的动物都无法完成。可供食用的海绵属于第三类，骨架中含有角质纤维，生活范围局限在热带水域。

海绵是生物走向专门化的起点，不过大自然似乎走了点回头路，重新使用了一些新材料。有证据表明，腔肠动物和其他构造更复杂的动物有不同的生命起源，海绵被赶入一条进化的死胡同。

腔肠动物门：海葵、珊瑚、水母、水螅

虽然构造简单，腔肠动物却是一切高等动物进化的基础，它们有两层不同的细胞，即外胚层和内胚层，有时还存在尚未分化的中间层。中间层不是细胞层，而是构成较高等生物的第三层——中胚层的雏形。从本质上来说，腔肠动物是一根中空的双层壁管，一端封闭，另一端开放。在此基础上，变异形成了多种形式，例如海葵、水母和水螅。

所有腔肠动物都有被称作刺丝囊的刺细胞，每一个刺细胞都有盘绕在囊液中的细丝，能随时刺穿或者缠住路过的猎物。较高等的动物通常是没有刺细胞的，也有报道称，在扇虫和海蛞蝓体内找到了刺细胞，这些刺细胞很可能是通过吞食腔肠类动物而获得的。

水螅清晰地表现出该种群的另外一个特征，即世代交替现象。像植物一样固着的一代会生出形似小水母的下一代，而这些水母状的新一代又生出带有固着植物外表的下一代。水螅世代中，固着的一代特征最为明显，其“茎干”的分支上长有触手般的一个个水螅体，外形像小海葵，捕猎方式也差不多。其他个体则以出芽的方式产生下一代，体型像纤巧的水母，在水中漂流、成熟，并将卵子或精子细胞投入大海。由水母体产生的卵子，在受精后会发育为带有植物特征的下一代。

另外一种是水母，植物世代不那么明显，反倒是水母世代蓬勃发展。水母体型各异，从小到看不见，到巨大的北极水母。霞水母的直径可达八英尺（常见的水母直径为一到三英尺），触须更是长达七十五英尺。

鲜花状的珊瑚虫类已经丧失了水母世代，比如海葵、珊瑚、海扇和海鞭等。海葵身上有这一类动物的基本特征。除了海葵，该类别中的其他动物都以群居方式生活，个体像海葵状息肉一样嵌入方阵，方阵可能是石质的，比如造礁珊瑚，或是由蛋白质属性的角质构成的，比如海扇和海鞭。角质类似于脊椎动物的头发、指甲和鳞屑的角蛋白。

栉水母动物门：栉水母

英国作家巴贝利翁曾说过，阳光下的栉水母是世界上最美丽的东西。栉水母的身体组织几乎澄澈透明，当这种卵形小生物在水中旋转时，会反射出五彩斑斓的光影。由于身体透明度很高，栉水母常常被误认作海蜇，但两者在结构上有几处明显差异，梳齿板是栉水母的独有特征。栉水母体表有八排梳齿板，每块都由一根铰链连接，这些梳齿板依次出现，推动栉水母在水中游动。梳齿板的边缘长有纤毛，纤毛阻断了阳光，从而产生光线闪烁的效果。

和其他水母一样，栉水母大多拥有长长的触须。触须上没有刺细胞，而是靠黏垫来捕捉猎物。栉水母以鱼苗和小动物为食，主要生活在海水表层。

栉水母动物门包含不到一百种栉水母，其中有一种身体扁平，不会游泳，只能在海底爬行。有些专家认为，这种爬行的水母已经进化成为扁虫。

扁形动物门：扁虫

扁虫包含许多寄生虫和其他独立生存的动物形式。薄如叶片、习惯独居的扁虫有时像一层薄膜贴着岩石游动，起伏摆动的移动方式让人觉得像是在溜冰。在进化方面，扁虫已经取得显著的进步。它们是最早进化出三个主要细胞层的动物，这也是所有高等动物的特征。它们也具备双侧对称型（身体一侧为另一侧的镜像），并且头端先行。它们有简单的神经系统和眼睛，这在一些动物身上可能只是简单的色素斑，而在另外一些物种中则是发育完全的晶体器官。扁虫没有循环系统，这也许是因为它们的身体足够纤细，所有部分都能容易地与外部进行沟通，氧气和二氧化碳也可以从容地通过表层膜传到下层的组织。

人们能在海藻、岩石、潮池以及死去的软体动物贝壳中找到扁虫。它们是肉食性动物，可以吞食蠕虫、甲壳类动物和体型较小的软体动物。

纽形动物门：纽虫

纽虫的身体非常有弹性，有时呈圆形，有时又变得扁平。英国的海域中有一种巨纵沟纽虫，体长九十英尺，堪称最长的无脊椎动物。美国海岸浅海里的脑纹纽虫通常长二十英尺，宽约一英寸。但大多数纽虫只有几英寸长，很多甚至不到一英寸。受到惊吓时，纽虫会缩成一团，或打成结。

所有纽虫都肌肉发达，但缺乏较高等蠕虫所具有的神经与肌肉的协调性。纽虫有一个由简单神经节构成的大脑，有些会有原始的听觉器官，头部一侧的裂缝让人联想到嘴巴，似乎藏着重要的感觉器官。虽然有一些种类雌雄同体，但大多数纽虫都属于单一性别。

它们更倾向于无性繁殖；同时，受到外力触碰时，它们会断裂成许多碎片，每一块碎片会再生成一条完整的纽虫。耶鲁大学的韦斯利·科教授发现有一种纽虫能被反复切割，长度为原来体长的十万分之一。成年纽虫在没有食物的情况下能存活一年，它们会缩小身体，以弥补营养物质的缺乏。

纽虫有一个可以伸缩的长鼻子，可以充当武器，平时封存在护套中，需要时迅速外翻、伸出，缠住路过的猎物，然后将其拉回嘴边。许多物种的长鼻子上配有锋利的长矛或刺刀，如果这些配件丢失，在原来位置很快会有新的长出来。所有的纽虫都是肉食动物，很多以刚毛虫为食。

环节动物门：刚毛虫

环节动物门可以分为几大类，其中一类是多毛纲，包括大多数海洋环节动物。多毛类蠕虫或刚毛虫擅长游泳，是天生的捕食者，其他种类的环节动物则不怎么好动，会建造各种各样的管道住在其中，要么以泥沙中的碎屑为食，要么以水中的浮游生物充饥。有些蠕虫是海洋中最美丽的生物之一，身体闪耀着彩虹般的色彩，或者装饰有柔软鲜艳的羽冠般触须。

它们的结构与较低等的动物相比，已经有了很大的进步。它们中大多数都拥有一套循环系统。被用作鱼饵的吻沙蚕虽然没有血管，但皮肤和消化道之间的空腔里充满了血液。流经血管的血液会把食物和氧气输送到身体各个部位。有些环节动物的血液呈红色，也有一些是绿色。环节动物的身体由一串节段构成，靠近前端的几节形成头部。每段都有一对无分支、不分段的桨状附肢，用于爬行或游泳。

刚毛虫包含许多种类，熟悉的包括被用作诱饵的沙蚕，一生中大部分时间都躲在海底的石洞中，偶尔出去捕食或聚在一起产卵。沙蚕行动迟缓，常常大量聚集在岩石下部泥泞的洞穴，或是海藻的固着器间。龙介虫建造出各种形状的石灰质管，住在里面，只露出头部，其他诸如美丽的须头虫，在岩石下、珊瑚藻外面或泥泞的海底修筑黏液管，还有一种习惯群居的帚毛虫，会用粗沙粒建造复杂的结构，长度达到几英尺。虽然地面布满虫洞，变得像蜂窝一样，但其坚固程度却足以承受一个成年人的重量。

节肢动物门：龙虾、藤壶、端足类

节肢动物门是一个巨大的种群，包含的物种是其余动物门类的五倍。节肢动物包括甲壳类（如蟹、虾、龙虾），昆虫类，多足类（如蜈蚣和千足虫），蛛形类（如蜘蛛、螨虫、帝王蟹）和生活在热带的、虫状的有爪类。除了少数昆虫，一部分螨虫和海蜘蛛，以及帝王蟹以外，几乎所有海洋节肢动物都属于桡足类甲壳纲。

环节动物成对的附肢只是简单的瓣状物，而节肢动物的附肢则有多节，并细分出多种功能，例如游泳、爬行、捕食等，以及获得对外界环境的感官印象。环节动物的内脏与外界仅有一层简单的膜隔开，而节肢动物则有几丁质和石灰盐的刚性骨架，不仅起到保护作用，还能为肌肉提供牢固的支撑。不足之处是，随着动物逐渐长大，坚硬的外壳必须蜕掉脱落。

甲壳类包含我们熟悉的动物，比如螃蟹、龙虾、虾和藤壶，以及一些不太常见的生物，例如介形类、等足类、片脚类和桡足类，各有其重要和有趣之处。

介形亚纲动物与普通的节肢动物有很大不同，附肢不是分为几节，而是封闭在两片壳里，两侧扁平。和软体动物一样，壳肌肉控制闭合。触须充当船桨，从打开的甲壳伸出，搜索水流中的小动物。介形虫通常生活在海藻中或海底的沙滩上，白天安安静静，夜里才出来觅食。许多海洋介形虫会发光，游动时释放出一小束幽蓝的光芒。它们是海上磷光现象的主要成因。介形虫死去晒干后，仍然能保持一定的磷光特性。普林斯顿大学的E.牛顿·哈维教授在他的权威著作《生物体发光现象》中曾提到，第二次世界大战期间，日军军官率先利用晒干的介形虫粉末，在手电筒无法使用的时候，只要在掌心抹少许粉末，再加几滴水，就能获得足够的亮度用以照明。

桡足类是一种体型很小的甲壳类动物，身体呈圆形，尾部分节，以桨足推动自己前进。虽然桡足类动物体型较小，在显微镜下才能看见，却是海洋动物的基本种群，为其他动物提供了食物来源。它们是食物链中不可缺少的环节，海洋中的营养盐分通过浮游生物、浮游动物和食肉动物，最终让大型鱼类和鲸鱼加以利用。桡足类中的哲水蚤也被称作“红饵”，会将大面积的海域染红，而鲱鱼、鳍鱼和一些鲸鱼会吃掉大量的红饵。外海上的鸟类，比如海燕和信天翁，也以浮游生物为食，有时甚至以桡足类动物为主食。而桡足类动物则吃硅藻，有时一天食用的硅藻重量几乎与自身重量相等。

端足类是一种小型甲壳动物，身体两侧扁平，而等足类动物则是上下扁平。端足类的名字源于其拥有的附肢数目，它们的附肢既可以拿来游泳，也能用来行走或爬行。而等足类动物从头到尾的附肢在尺寸和形状上几乎没有差别。

海岸上的端足类动物有滩蚤或沙蚤，受到惊扰时，它们会从海藻丛中成群结队地蹦上来，还有一些生活在近海的海藻中和岩石下，以有机碎屑为食，而自身又成为鱼类、鸟类和其他大型生物的食物。很多端足类动物离开水后，会用身体的一侧蠕动。沙蚤拿尾巴和后腿作为弹簧，跳跃着前进，而其他一些物种则依靠游泳前行。

岸边的等足类动物与我们花园里的潮虫很接近，包括海蟑螂、码头褐鼠、码头虱等，人们经常看到它们在岩石和码头桩上爬来爬去。这些动物已经脱离海水的局限，很少返回海中，而且如果长时间泡在海水里，甚至会被淹死。其他等足类动物通常住在海藻中，并且会模拟海藻的色彩和外观，还有一些生活在潮池，有时会咬伤踏进潮池的人，让人产生刺痛或瘙痒的感觉。它们大多数是食腐类，有的是寄生类，还有一些与其他物种结成共栖的联盟。

端足类和等足类动物都把自己的幼体放在育幼室里，而不是抛入海中。这种行为帮助某些个体爬到海岸的更高处，成为适应陆地生存的一种必备手段。

藤壶属于蔓足类，拉丁语的意思是“小卷或小螺旋”，估计是源于其优雅卷曲的羽状附属物。蔓足类动物的幼虫阶段与许多其他甲壳类的幼虫相似，可以自由活动，成年后则固定生活在某一处石灰质贝壳、岩石或其他坚硬物体上。鹅颈藤壶依靠一根坚韧的柄固定，岩石藤壶则直接附着在固定物上。鹅颈藤壶一般生活在海洋里，趴在船舶和各种漂浮物上。一些岩石藤壶会长在鲸鱼的皮层或者海龟的壳上。

大型甲壳类动物，比如虾、蟹和龙虾，不仅是人们最熟悉的，还清楚地体现出典型节肢类的样貌。它们的头部和胸部通常连在一起，外面覆盖一层坚硬的壳或甲，附肢能清晰地体现身体的分段情况。另一方面，灵活的腹部或“尾巴”则分成几段，通常作为游泳的重要辅助。不过，螃蟹的尾巴常常折叠在身下。

随着身体不断长大，节肢类动物必须蜕去硬壳，通过旧壳背部的一处狭缝钻出来。旧壳之下是新生的外壳，布满褶皱，十分柔嫩。蜕壳后，甲壳动物会隐居数日，以躲开敌人，直到新壳完全硬化。

蛛形类中有一类包含马蹄蟹，另外一类则包含蜘蛛和螨虫。蛛形类中只有一小部分生活在海洋里，属于特殊分支的马蹄蟹或帝王蟹广泛分布于美国的大西洋沿岸，欧洲尚无分布。从印度到日本的海岸，马蹄蟹有三个代表品种，它们的幼虫阶段形似寒武纪时期的三叶虫，因此它们也被称作历史的活化石。海湾沿岸以及相对安静的水域中，马蹄蟹的数量异常丰富，它们以蛤蜊、蠕虫和其他小动物为食。初夏时节，马蹄蟹会爬上海滩，在沙地挖出的坑里产卵。

苔藓虫门：苔藓动物、蝇藻

苔藓虫门是一类地位和关系尚不明确的动物，形态多样。它们有的长得像蓬松的植物，被误认为是海藻，尤其是能在岸边找到的干燥苔藓虫。另外一种则像扁平的硬质斑块，长在海藻或岩石表面，外形似蕾丝花边。还有一种具有分叉和直立生长的特性，质地呈凝胶状。所有这些动物都以群居方式住在一起，个体的细胞彼此相连，或者嵌入某个统一的方阵。

外面包有外壳的蝇藻呈现出一幅排列整齐的美丽镶嵌画，每个小隔间里都住着一只带触须的小动物，外表酷似水螅，但却具有一套完整的消化系统、体腔、简单的神经系统以及更高等动物才具有的其他功能。群落中的个体彼此独立，而不是像水螅那样紧密相连。

苔藓虫是一类古老的动物，历史可以追溯到寒武纪时期。早期的动物学家将其当成海藻，后来又被划分为水螅类。苔藓虫中大约有三千种住在海洋，仅有三十五种生活在淡水水域。

棘皮动物门：海星、海胆、海蛇尾、海参

在所有无脊椎动物中，棘皮类才是真正的海洋动物，将近五千种棘皮类动物，没有一种生活在淡水或陆地上。它们是古老的物种，始于寒武纪时期，但从那以后数亿年的时间里，都没有尝试过向陆地生活过渡。

最早的棘皮动物是海百合，生活在古生代的海底。目前已知的海百合化石有约两千一百种，活的海百合只有大约八百种。大多数海百合生活在东印度群岛海域，少数生活在西印度群岛地区，往北远至哈特拉斯角，而在新英格兰的浅水海域尚未发现。

海岸的棘皮动物有四位代表：海星、海蛇尾、海胆和海参。它们身上会周期性地出现数字“5”，许多结构数量都是五或者五的倍数，因此“5”这个数字是棘皮动物的象征。

海星有扁平的身体，腕臂的数目虽然不同，却都呈现五角星的形状。海星的皮肤被坚硬的石灰岩磨得很粗糙，长出短刺。大多数物种的皮肤表面长有一种类似小镊子的结构，下端固定在灵活的叉棘上。有了这些叉棘，就可以有效保持皮肤清洁，除掉皮肤上的沙粒和企图住在里面的虫子。这非常必要，因为柔嫩的呼吸器官也需要通过皮肤伸出来。

和其他棘皮动物一样，海星也有一套“水一血管”系统，该系统由一系列充满水的管道构成，可以将水输送到身体各个部分。海星通过身体上表面多孔的筛板摄入海水，液体沿着水道进入柔软的管脚，管脚占据了海星腕臂下表面的细槽。每根管子的末端都有一个吸盘，液体静压力发生改变时，管脚就相应伸缩变化。伸展时，吸盘吸附在身下的岩石或其他坚硬表面，身体拉长。管脚还能握住贻贝或其他双壳贝类动物的外壳，方便捕食。海星移动时，任意一只腕臂会先行，这只腕臂就暂时充当海星的“头部”。

修长优雅的海蛇尾和蛇星的腕臂没有凹槽，管脚的数量也少了许多。然而，这些动物靠着腕臂翻滚，行进速度非常快。它们是活跃的掠食者，以各种小动物为食。有时在近海海底，它们会占据数以百计的动物的“床”，几乎没有什么小动物能安然无恙地通过这张大网，到达海底。

海胆从头到尾有五行或五列管足，犹如从南极到北极均匀排列的子午线。海胆的骨板彼此紧密地用铰链形成一副球状外壳，身上唯一能自由活动的部位是管足，通过球状外壳上的小孔探出去，骨板的突起长有叉棘和棘突。海胆离开水后，管足会缩回来，但它们沉入水中时，管足则会伸长到棘突外，抓住底层泥土固定自身或捕捉猎物。它们也具有感觉功能。不同种类的棘皮动物，其棘突的长度和厚度会有很大不同。

海胆的嘴长在下表面，由五颗雪白闪亮的牙齿围绕，牙齿可以将岩石上的植被刮落，并且能协助海胆的运动（虽然其他无脊椎动物，比如环节动物，长有咬颌，但海胆却是第一个进化出有研磨和咀嚼器官的动物）。海胆的牙齿由体内的钙质杆和肌肉控制，这种口器被动物学家称作亚里士多德提灯，简称“亚氏提灯”。消化道开口的上表面通过一个中置肛孔与外部相通。围绕开口有五块花瓣形骨板，每块板上都有一个孔用于排出卵子或精子。生殖器官分为五个集群，分布于身体的上表面或背侧面上。它们是该海胆身上唯一柔软的部位，因此海胆会被人类当作食物，特别是在地中海沿岸的一些国家。出于类似的目的，海鸥也爱捕食海胆，将它们扔到岩石上敲碎外壳，这样就能吃到里面柔软的部分。

海胆的卵被广泛应用于细胞的生物学研究。1899年，雅克·罗卜在一项具有历史意义的人工单性生殖研究中，首次使用了海胆的卵，仅靠化学或机械性刺激，就让未受精卵发育成熟。

海参是一种奇特的棘皮动物，身体柔软而细长。爬行时，海参的口端在前，因此，在具有辐射对称的基础上，海参又多了功能性左右对称特征。它们身体下面仅有三排功能性管足。有些海参喜欢穴居，用嵌在体表的小骨针扎进周围的泥土或沙子，帮助身体前进。骨针的形状随物种不同而有所不同，通常要在显微镜下才能准确辨别。具有渔业价值的海参在热带海洋中分布广泛，而北部海域的海参体型则要小得多，主要生活在海底或潮间带的岩石和海藻间。

软体动物门：蛤蜊、海螺、鱿鱼、石鳖

由于软体类的外壳变幻无穷，花纹繁复而美丽。一些软体动物也许比其他海岸动物更出名。作为一个群体，它们具有和其他无脊椎动物截然不同的特征，虽然软体类的先辈以及幼虫的特性表明其远祖也许类似扁形虫，但它们有柔软而且不分节的身体，被坚硬的外壳保护。软体类动物最显著的特征是外套膜，这是一种包裹着身体的斗篷状组织，分泌形成外壳，并且辅以复杂的结构和装饰。

人们最熟悉的软体动物包括海螺那样的腹足类和蛤蚌那样的双壳贝类。最原始的软体类动物是爬行缓慢的石鳖，最鲜为人知的是象牙贝，而进化得最完善的是头足类，典型代表是鱿鱼。

腹足类的壳是单片或者一整块，并且盘绕成螺旋状。几乎所有的海螺都是“右撇子”，也就是说面对观察者时，它们的开口都朝向右侧。但“左旋螺”是个例外，它们是佛罗里达海滩上最常见的腹足类动物之一，在通常为“右撇子”的海螺中偶尔也会出现个别“左撇子”。有些腹足类的贝壳退化得只剩一点内部残余，比如海兔，而有些腹足类的壳干脆完全消失了，比如海蛞蝓或裸鳃类动物，不过在它们胚胎仍然有螺旋壳的存在。

大多数情况下，海螺是一种很活跃的动物，素食者们四处走动，以从岩石上找到的植物为食，食肉者们则捕捉和吞食猎物。定栖的舟螺（或称拖鞋螺）是个例外，和牡蛎、蛤蚌以及其他双壳类动物一样，舟螺将自己固定在贝壳上或者海底，从水中滤取硅藻为生。大多数海螺依靠扁平肌肉“足”滑行，它们也会用同样的器官钻入沙里。受到惊扰，或者在退潮时，它们会缩回自己的壳里，开口被一块石灰质或角质的板封闭起来，这块板被称作“口盖”。在不同物种中，口盖的形状和结构差别很大。辨别物种时，口盖发挥着不小的作用。与除了双壳类外的软体动物，腹足类动物有一个明显的、嵌满牙齿的带状齿舌，长在上咽部，而另外一些物种的齿舌则长在长吻的末端。齿舌可以用来刮下岩石表面的植被，或者在有壳猎物身上钻孔。

除了少数例外，双壳类动物都属于定栖类。牡蛎甚至会永久把自己固定在某个坚硬的表面。贻贝和其他一些双壳类动物则通过分泌丝线状的足丝，将身体固定住。扇贝和利马蛤是少数具有游泳能力的双壳类典范。蛏子有一只细长的尖足，凭借这只尖足，它们能以惊人的速度在沙子或泥土里挖出深坑。

双壳贝类深埋在沙底，它们能这样做，是因为拥有一根细长的呼吸管，或称虹吸管，通过这根管子将水流引入，从而获得氧气和食物。大多数双壳贝类都是悬食生物，从水中过滤微小的饵料，包括樱蛤和贝壳石灰岩蛤在内，许多双壳类动物居住在海底堆积的岩屑里。那里没有肉食性双壳类动物。

腹足类动物和双壳类动物的外壳由外套膜分泌而成。软体动物贝壳的基本化学原料是碳酸钙，由其形成了方解石的外层和霰石的内层，尽管由相同的化学物质组成，后者却更重、更坚硬。软体动物的外壳中也包含磷酸钙和碳酸镁。石灰质材料铺在贝壳硬蛋白的有机基质中，这种物质的化学成分类似于甲壳素。外套膜包含色素生成细胞以及壳质分泌细胞，这两种细胞的节律性活动形成了软体动物外壳上奇妙的雕刻花纹和彩色图案。虽然贝壳的形成受多种环境因素以及动物本身的生理学因素影响，但基本遗传模式的作用更强大，决定了每一类软体动物都有其特殊的、便于识别的贝壳。

软体动物的第三类是头足类动物，与海螺和蛤蜊不同，头足类很难根据其外表归类。虽然头足类动物曾经在远古的海洋中占据主导地位，但如今除了一个鹦鹉螺，其他的头足类动物的外壳都退化消失了，只保留下毫不起眼的一点内部残余。十足目动物是个庞大的群体，它们的身体呈圆柱状，有十条腕臂，鱿鱼、扁卷螺和乌贼是其中的典型代表。另一组是八足类动物，袋状的身体上长有八条腕臂，典型代表是章鱼和船蛸。

鱿鱼强壮灵活，论短距离赛跑，它们也许是海洋中速度最快的动物。鱿鱼通过虹吸管中的喷射水流游泳，通过将虹吸指向前方或后方来控制运动方向。一些体型较小的鱿鱼会结伴而行。所有的鱿鱼都是肉食性动物，捕食鱼类、甲壳类以及各种小型无脊椎动物，它们是鳕鱼、鲭鱼等大型鱼类的口中餐，也是人们喜欢的一种诱饵。巨型鱿鱼是最大的一类无脊椎动物，目前采集到的最大的标本来自纽芬兰大浅滩，其长度（包括腕臂）约为五十五英尺。

章鱼是夜行动物，据熟悉章鱼生活习性的人说，它们胆子很小。章鱼生活在孔洞或岩石间，以螃蟹、软体动物及小鱼为食。有时可以通过堆积在洞口附近的软体动物空壳堆，来找到章鱼的巢穴。

石鳖是一种原始的软体动物，属于双神经纲，其中大部分覆盖着一层由八块横板组成的外壳，这些横板由坚韧的绳带绑在一起。石鳖慢吞吞地在岩石上爬行，刮下植被。休息时，它们会躲在洼地，与周围的环境融为一体，躲过人的眼睛。西印度群岛的居民把石鳖当作食物，俗称“海牛肉”。

第五类软体动物是名不见经传的掘足纲，包括角贝或象牙贝，外壳酷似大象的牙齿，长一到数英寸，两端开口。它们会用一只小小的尖足挖到沙滩底部。有专家认为，所有软体动物的祖先可能都有类似的结构。然而，这只不过是一种推测，因为软体动物的主要类别早在寒武纪早期就已经明确区分，关于它们祖先的长相，线索太过模糊。角贝大约有两百多个品种，广泛分布于各个海域，但没有任何一种生活在潮间带。

脊索动物门：被囊动物亚门

海鞘是海岸上最常见的脊索动物，属于脊索动物中的被囊类。作为脊椎动物的先驱，所有的脊索动物在一生中某一段时间里，会长出一根软骨材料的加固杆，即进化后的高等动物都具有的脊柱。反常的是，成年海鞘的身体组织低等而简单，呈现出类似牡蛎或蛤蜊的生理特点。脊索动物的特征在幼虫阶段最明显。虽然个头很小，海鞘幼虫的样子酷似蝌蚪，有脊索和尾部，可以自如游泳。在幼虫期结束的时候，它们会定居下来，变成定栖动物，并经历变态过程，长成结构简单的成体，此刻，脊索动物的特征都将不复存在。这在进化中是一种奇怪的现象，似乎更像是退化，而非进化，因为幼虫显然表现出比成体更多的进步性特征。

成年海鞘形似一个带两根管状开口的袋子，虹吸管用于摄入和排出水分，咽部有许多缝隙，水流可以通过这里进入体内。海鞘（sea squirt），顾名思义，当它们受到惊扰时，会剧烈收缩，迫使水从虹吸管中喷（squirt）出来。海鞘是独立生活的个体，每一个都封闭在由类似纤维素的材料构建的粗糙覆盖物或外壳内。沙粒和杂物经常附着在这些外壳上，形成一张垫子，掩盖了住在里面的动物。以这样的方式，海鞘在码头木柱、漂浮物以及岩壁上大量繁殖。不同种类的海鞘习惯群居在一起，身体嵌入坚固的胶状物质中。和单一种类海鞘群体不同，多种类海鞘群体的形成源于个体无性出芽繁殖方式。其中，最常见的一类海鞘复合体是海猪肉，也称列精海鞘。之所以叫海猪肉，是因为该群体通常呈现出灰色软骨状外观。它们在岩石下部形成一块薄垫，或者在近海朝上生长，形成一块厚板，脱落后又被海水带回岸边。构成海鞘群的个体不容易被看清，但在放大镜下，其表面的凹凸便呈现出来。每个海鞘都通过一个开口与外界相连。由无数菊花海鞘个体组成的花状海鞘群尤其引人瞩目。